피부 건강의 솔루션

항노화 바이오 화장품

신동욱 지음

자유아카데미

머리말

인류의 역사가 시작된 이후로 화장품 산업은 끊임없이 발전되어 왔다. 옛 선조들이 자연에서 얻은 천연 재료들을 활용하여 피부를 관리하던 다양한 노하우 등이 여러 고문서나 벽화 등을 통해 기록되어 있다. 또 산업화 이후 여성들의 경제 활동 참여가 활발하게 진행되면서 다양한 여성들의 필요(needs)를 만족하기 위해서 화장품은 끊임없이 진화되어 왔다. 특히, 현대 사회에 들어서면서 과학 기술의 발전과 함께 화장품도 질적으로 성장하였고 그 대상도 성별을 가리지 않고 확대되었다.

기존의 전통적인 화장품은 주로 화학공학적 관점으로 접근하였다. 대부분 유기합성 소재를 포함했으며, 발림성이나 사용감 등을 개선하는 데 치중되어 발전이 이루어졌다. 이러한 화장품의 품질 특성은 여전히 중요하지만, 전 세계적으로 쏟아지는 수많은 화장품 중에서 차별화를 달성하기 위해서는 새로운 접근이 필요할 것이다.

생명공학 기술의 발전과 함께 2000년 발표된 인간 게놈 프로젝트는 화장품의 중요한 품질 요소로 반영되기 시작했다. 그리고 전 세계적으로 웰빙과 친환경 등이 주목을 받으면서 자연 친화적인 천연물 유래 소재들에 더 많은 관심을 가지게 되었다. 이에 따라 소재들이 피부과학적으로 어떻게 항노화, 미백, 보습, 탈모 케어 효능을 보이는지에까지 깊은 호기심을 드러내는 스마트한 고객들도 많아졌다. 즉, 고객들은 과거 화장품 모델의 이미지 자체를 소비했던 패턴과는 다르게, 화장품의 성분과 기술 등을 자세하게 비교한 후 구매하고 있다.

이런 진화된 고객들의 제품 선택 기준은 한편으로 글로벌 화장품 기업들의 연구개발에 대한 변화를 이끄는 원동력이 되기도 한다. 신제품들이 이미 포화에 이른 글로벌 화장품 시장에서 브랜드들은 이제 피부과학적 기술로 차별화를 꾀하고 있으며, 자체 연구소를 갖춘 대형 브랜드들이 여기에 중요한 역할을 해오고 있다. 이러한 글로벌 기업들이 피부과학 연구에 차별점을 둔 바이오 화장품에 대해 연구개발을 집중하여 다양한 효능 있는 제품들이 출시되고 있다.

이에 이 책을 통해 바이오 화장품과 관련된 피부과학적 사실, 최근 화제가 되는 바이오 기술, 이와 맞물리는 천연물 유래 소재 이슈들에 대한 다양한 내용을 다루어 바이오 화장품에 대한 이해를 돕고자 한다. 최대한 오류가 없도록 노력하였으나, 부족한 점이 있을 수 있다. 이 점은 독자 여러분의 양해를 구하며, 추후 발견되는 수정사항 등은 자유아카데미 홈페이지(www.freeaca.com) 자료실을 통해 제공할 예정이니 참고하길 바란다.

최근에는 로레알 그룹이나 아모레퍼시픽이 전자세계박람회(Consumer Electronic Show, CES) 같은 곳에서도 혁신상을 받는 등 화장품은 또 다른 융합기술과 시너지를 내는 방향으로 움직이고 있다. 따라서 앞으로는 바이오 화장품 기술이 융합기술, 즉 정보 기술, 기계공학, 전자공학 등과의 협업을 통해 다양하게 진화할 것으로 예측된다. 이 책이 바이오 화장품과 융합기술에 대한 관심의 마중물이 되기를 기대해 본다.

2023년 6월

저자 신동욱

차례

3장 바이오 화장품의 솔루션 소재와 스토리텔링

1장

피부과학 이야기

01

바이오 화장품이란?

바이오 화장품이란 자연계에 존재하는 생물이 만들어내는 천연 성분(대사산물, metabolites)을 바이오 기술을 이용해서 생산하고 적용한 화장품을 말한다. 바이오 화장품은 크게 두 가지, 즉 피부 생명 현상의 이해를 기반으로 하는 피부과학 기전(mechanism) 규명과 생체물질을 통한 효능을 극대화하는 생명공학 기술의 활용을 통해서 달성된다.

2000년대 인간 게놈 프로젝트 전까지는 물리적이며, 화학공학을 기반으로 하는 제형 중심의 화장품이 주를 이루었다. 그 이후에는 효소/미생물을 활용하기 시작하였고, 피부과학 연구가 발전하였으며, 생명정보학(bioinformatics) 또한 발달하였다. 이를 기반으로 하여 생물적인 요소 및 자연 친화적인 요소가 접목되는 바이오 화장품으로 진화하게 되었다.

바이오 화장품의 특징과 역사

이러한 바이오 화장품은 3가지 관점에서 적용되고 있다. 첫 번째는 바이오 공정 기반에 의한 효소, 천연물 유래 소재, 발효 소재 등이다. 두 번째는 바이오 기전 기반으로 단백질 타깃을 발굴하고, 이를 제어하는 신규 소재의 가치를 발굴하며, 이에 대한 과학적 근거를 확보하는 것이다. 세 번째는 생물 유래 소재(Biologics)라고 하여, 우리 생체 내에 존재하는 단백질/펩타이드(peptide), 유전정보의 전달체 역할을 하는 RNA류, 줄기세포 유래 분비되는 성분들이다. 다만 이러한 물질들은 현재 안전성을 담보하기 어렵기 때문에, 국내에서는 식품의약품안전처(이하 식약처로 함)에서 엄격하게 관리되고 있다.

바이오 화장품의 역사를 돌이켜보면, 80년대부터는 원료 관점 바이오 공법으로 히알루론산(hyaluronic acid), 베타 글루칸(β-glucan) 등이 함유된 제품이 주를 이루었으나, 2000년대에 들어와서는 주름/탄력 기능성 소재인 레티놀, 녹차 주요 성분인 Epigallocatechin gallate(EGCG) 등의 주요 기능성 소재가 제품에 반영되었다. 2010년부터는 본격

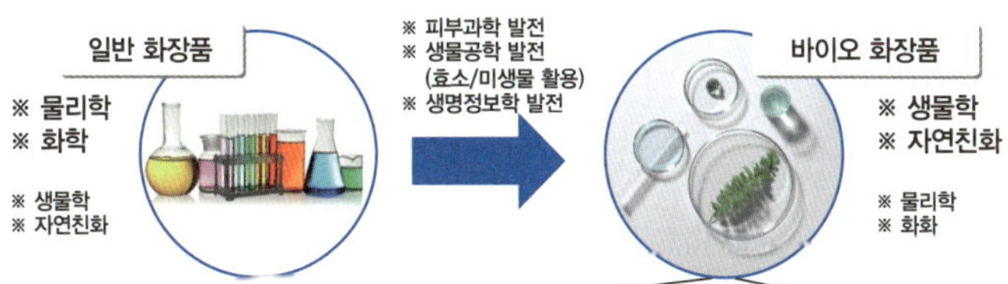

1. 천연 소재/바이오 공정 기반 – 천연물, 효소, 발효 공정
2. 바이오 메커니즘 기반 – 타깃 인자 발굴, 신소재의 가치 발굴, 과학적 근거 확보
3. Biologics 기반 – 단백질/펩타이드, 줄기세포 성분, 핵산류(RNAs)

그림 1 바이오 화장품의 특징

적으로 피부과학 기전을 규명하여, 새로운 핵심 단백질의 기능을 규명하고 있다. 나아가 이를 조절하는 소재의 신규 가치를 발굴하고 소재의 효능의 과학적 근거를 확보하면서, 결과적으로는 고객에게 가치를 전달하는 방식으로 바이오 화장품이 진화되고 있다.

바이오 화장품의 개발 과정

항노화 바이오 화장품의 개발 과정은 크게 네 가지 과정으로 다음과 같다.

1. 피부과학에 관한 기초 연구를 진행하여 노화와 관련된 단백질을 발굴한다. 예를 들면, 자외선을 조사하면 세포 노화가 유도된다는 사실부터 출발할 수 있다. 이 경우 자외선을 조사한 세포 시료와 자외선을 조사하지 않은 음성 대조군 시료에 대해서 단백질 발현을 비교·분석하여, 후보 단백질들을 발굴한다. 그 이후에 이 단백질들이 노화와 어떻게 연관되는지 다양한 효능 평가 방법을 활용하여 단백질의 기능을 확인함으로써 핵심 타깃 단백질을 발굴한다.

2. 이 타깃 단백질의 활성이나 발현을 조절할 수 있는 신규 천연물 소재를 발굴한다. 예를 들면, 노화를 유도하는 단백질인 Matrix metalloproteinase(MMP)는 콜라겐을 분해하는 효소인데, 이 단백질의 발현을 감소시키는 새로운 소재를 발굴하는 것이다. 다만 이러한 신규 천연물 소재는 스토리텔링이 담긴 소재일수록 마케팅적 요소가 가미되어 제품의 시장성이 반영되는 특징을 가지고 있기에 소재 선정이 화장품에서 매우 중요하다.

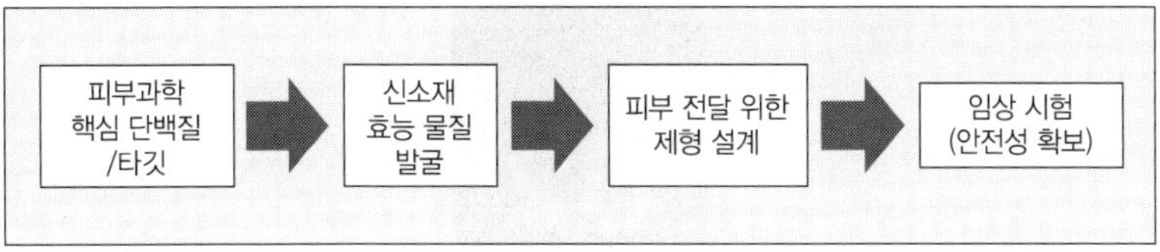

그림 2 바이오 화장품의 개발 과정

3. 신소재를 피부에 잘 흡수가 될 수 있도록 전달할 수 있는 제형을 설계한다.

4. 공식 인증 임상 시험 기관을 통해서 임상 시험을 거쳐서 제품을 출시한다.

02

피부조직은 3층 집 구조물

우리 몸 전체를 감싸고 있는 피부는 전체 체중의 약 16%를 차지하며, 총면적이 약 1.5~2.0 m^2에 이를 정도로 우리 몸에서 면적이 가장 넓은 장기라고 할 수 있다. 피부 두께는 성별과 나이에 따라 다른데, 일반적으로 남성의 피부가 여성보다 두꺼우며, 나이가 들수록 세포 증식률이 떨어짐에 따라서 피부 두께는 점점 얇아진다. 피부의 두께는 일반적으로 1.2 mm이며, 가장 두꺼운 손바닥과 발바닥의 피부 두께는 2~6 mm이고, 상대적으로 가장 얇은 부위인 입술이나 눈꺼풀 부위는 약 0.2~0.6 mm이다. 피부 모공의 지름은 약 0.02~0.05 mm로 매우 작으며, cm^2당 100~120개의 모공이 존재한다. 우리 얼굴 피부에는 약 20,000개가 넘는 모공이 존재한다고 한다.

피부는 크게 표피, 진피, 피하지방층의 세 층으로 구성되어 있다(그림 3).

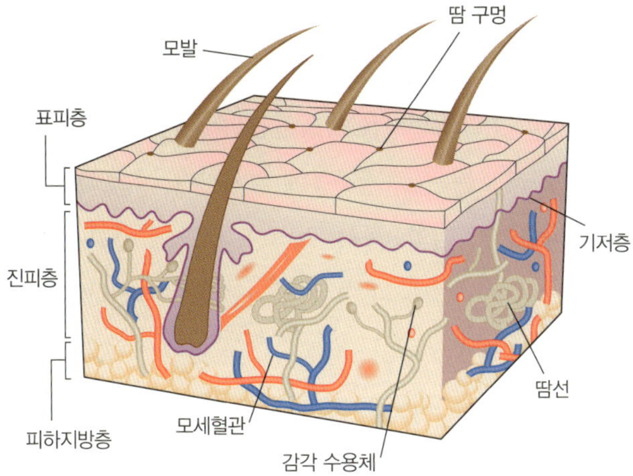

그림 3 피부의 3층 구조 모식도

피부 보호의 최전선, 표피층

표피는 피부의 가장 바깥층을 말하며, 피부층 중에서 가장 얇은 층으로, 평균적으로 약 0.2 mm 정도의 얇은 조직이다. 표피층은 외부 환경과 직접적으로 맞닿아 있는 우리 몸의 부분이다. 크게 4가지 층으로 세분화되는데, 가장 안쪽부터 시작하여 각각 기저층, 유극층, 과립층, 각질층이라고 한다.

이 표피층에는 케라틴(keratin) 등을 분비하는 각질형성세포(keratinocyte)가 존재하는데, 이들 각질 세포 사이에는 지질과 천연 보습인자(natural moisturizing factor)에 의한 수분이 존재하여 피부를 촉촉하게 유지하는 보습에 기여한다. 기저층에서 각질형성세포가 증식하다가 상위층으로 올라가면서 분화되는데, 최외각인 각질층에서는 각질형성세포의 핵이 없어지면서 죽은 세포가 되어 각질탈락현상(desquamation)이 일어난다. 각질형성세포가 죽고 탈락이 일어나는 주기는 일반적으로 28일 내외이다.

이외에도 표피층에는 자외선으로부터 각질형성세포의 DNA를 보호하기 위해서 멜라닌(melanin)을 생성하는 멜라닌형성세포(melanocyte)가 존재한다. 이 세포는 주로 기저층에 위치한다. 이 멜라닌이 피부색을 결정짓는다. 아프리카 지역, 즉 지구 적도 부근에 살고 있어서 태양의 일조량을 많이 받는 흑인들의 경우 자외선으로부터 세포들을 보호하기 위해서 피부에 멜라닌 색소를 많이 포함한다. 이 멜라닌의 양 증가 원인은 자외선 노출, 호르몬 분비의 불균형, 다양한 스트레스 등이 있다고 알려져 있다.

멜라닌형성세포로부터 생성된 멜라닌은 멜라노좀(melanosome)이라는 소기관을 통해 각질형성세포로 이동한다. 최종적으로는 각질층에 붙어있다가 각질과 함께 탈락된다. 여름철에 해변에서 태닝(tanning)을 하여 피부가 검게 그을린 상태가 되더라도 일상으로 돌아오면 피부가 곧 원래 색으로 돌아오는데, 각질층에 붙어있던 멜라닌 세포가 각질이 탈락하면서 같이 떨어져나가기 때문이다. 표피층에는 이외에도 1차적으로 면역을 담당하는 랑게르한스 세포(Langerhans cells)도 있다.

피부 영양의 핵심, 진피층과 지방층

표피 아래에 있는 피부층인 진피는 크게 윗부분의 유두층(papillary layer)과 아래층인 망상층(reticular layer)으로 구성되어 있으며, 두께는 0.5~4 mm 정도이다. 피부의 조직을 유지하고, 탄력과 밀접하게 관련이 있는 중요한 세포외 기질(extracellular matrix, ECM)인 콜라겐 섬유(collagen fiber), 엘라스틴(elastin)을 분비하는 섬유아세포(fibroblast)로 주로 구성되어 있다. 이외에도 영양분을 제공해주는 혈관 내피세포와 뇌로부터 다양한 신호를 전달해주는 신경세포, 외부 미생물 등의 침입에 빠르게 대응하는 면역 세포인 대식세포(macrophage) 등이 포함되어 있다. 이 피부 진피층에는 모낭, 땀샘, 피지선 등 여러 부속기들의 형태도 존재한다.

진피 아래에 있는 피하지방층은 지방세포(adipocyte)로 구성되어 있다. 이 지방세포는 지방구(lipid droplet)라는 세포 소기관(organelle)에 중성지질(triglyceride)를 저장하는 역할을 하여 에너지를 저장하는 기능, 외부로부터의 충격을 완화하는 기능을 한다. 이 지방은 피하지방(subcutaneous fat)과 내장지방(visceral fat)으로 구분할 수 있다. 피하지방은 에너지를 주로 저장하는 측면이 강한 반면, 내장지방은 성인병인 대사성 증후군인 당뇨, 고지혈증, 고혈압 등과 밀접하게 관련된다.

03

피부의 다양한 생리 기능

우리 피부는 다양한 생리 기능을 한다. 대표적인 기능으로는 보호 작용, 체온 조절 작용, 감각 작용, 분비 및 배설 작용, 비타민 D 생성, 재생 능력 및 면역 작용 등이 있다.

피부의 보호 작용과 체온 조절 작용

피부의 첫 번째 역할은 보호 작용이다. 외부 충격이나 물리적인 자극에 대해서 최외각의 여러 겹의 각질층, 진피의 탄력성, 피하지방 조직의 지질을 활용한 완충 역할을 통해 신체 내부를 보호한다. 또 외부 유해 물질 같은 화학적인 자극에 대해서는 피부 표면의 피지막과 피부 표면의 약산성 pH 등으로 보호한다. 외부 미생물인 세균 침입에 대해서는 각질층에서 분비된 세포간 지질 등의 방법으로 내부를 보호한다. 자외선에 대해서는 멜라닌형성세포의 멜라닌 생성을 통해서 내부를 보호한다.

피부는 체온 조절 작용도 한다. 피부에 존재하는 혈관과 땀샘 등이 체온 조절에 도움을 준다. 인체는 모세 혈관의 수축과 확장, 땀의 분비량 조절 등을 통해서 정상 체온인 36.5℃를 유지한다. 생체 내에서는 다양한 작용을 통해 열이 발생하는데, 제때 열을 발산시키지 못하면 체온이 상승하여 생리 작용이 곤란해진다. 피부를 통해 약 80%에 해당하는 대부분의 열을 방출시킬 수 있으며, 나머지 열은 호흡기계와 분비물을 통해서 방출한다. 즉, 체온이 상승하면 혈관이 확장되고, 이에 따라 많은 혈액이 피부로 흘러 들어가면서 열을 이동시켜, 땀샘 활동이 자극되고 땀이 피부 표면에서 증발하면서 열이 소실된다. 반대로 체온이 떨어졌을 때는 혈관이 수축되어 피부로 가는 혈액이 감소되고, 땀샘이 덜 활성화되면서 입모근이 수축되어 열 손실이 방지된다.

감각 작용과 배설 작용

피부에는 뇌에 즉시 외부의 자극을 전달하여 감각을 느끼게 하는 감각기관들이 분포되어 있어 감각 작용도 한다. 피부의 진피에는 온각, 냉각, 압각, 촉각, 통각의 감각기관이 존재하는데, 피부 1 cm^2당 온점 1~2개, 냉점 12개 내외, 압점 6~8개, 촉점 25개 내외, 통점이 100~200개의 비율로 분포된다고 한다. 따라서 피부는 따뜻함에 대해 가장 둔감하며 통증에 대해서는 가장 민감하다고 할 수 있다.

피부의 또 다른 작용은 분비 및 배설 작용이다. 피지선(sebaceous gland)와 한선(apocrine sweat gland)을 통해 각각 피지와 땀을 분비하여 배설한다. 피지는 피부와 털에 매끄러운 윤기를 부여하기도 한다. 남성 호르몬에 의해서 더욱 잘 생성되며, 피지의 분비량은 신체의 부위에 따라서 다르다. 한선은 땀의 배출을 조절함으로써 체온을 조절하며, 특히 손바닥, 발바닥, 겨드랑이에 많이 분포된다. 땀의 99% 이상은 수분이며, 아미노산과 염분 등의 무기질 및 젖산도 포함되어 있다.

비타민 D 합성에 중요한 피부

피부는 비타민 D를 생성할 수 있다. 피부 세포인 각질형성세포와 섬유아세포에서 콜레스테롤을 원료로 하여 비타민 D를 합성한다. 자외선에 의해 비타민 D가 합성되며, 이러한 비타민 D는 우리 몸에 칼슘양을 정상으로 유지해주어 혈액 내의 칼슘 농도를 유지해주고, 뼈의 발육에도 매우 중요한 역할을 한다. 따라서 비타민 D가 결핍될 경우에는 칼슘이 부족하게 된다. 성인의 경우, 비타민 D를 충분히 하기 위해서는 음식물로 한계가 있으며, 일정량의 자외선 조사가 필요하다.

그 외 피부의 중요한 기능들

피부의 또 다른 기능은 재생 작용이다. 피부 조직에 상처가 났을 때 세포 분열을 통해서 상처를 치유하고, 결국에는 원래의 모양으로 돌아가게 된다. 다만, 진피층이나 표피의 기저층에 심하게 상처가 난 경우에는 흉터가 발생하며, 3도 화상같이 극심한 손상까지 재생되지는 않는다.

피부는 면역 작용도 한다. 피부를 통해서 외부 세균 등이 침입할 경우에 면역 반응에 관여하는 세포들이 대응하여 피부를 보호한다.

피부의 또 다른 중요한 기능은 흡수 작용과 호흡 작용이다. 표피는 모공을 통해서 선택적으로 물질을 흡수한다. 피부의 각질층은 세포간 지질을 보유하기 때문에 소수성이 되어 물이나 수용성 성분은 잘 흡수

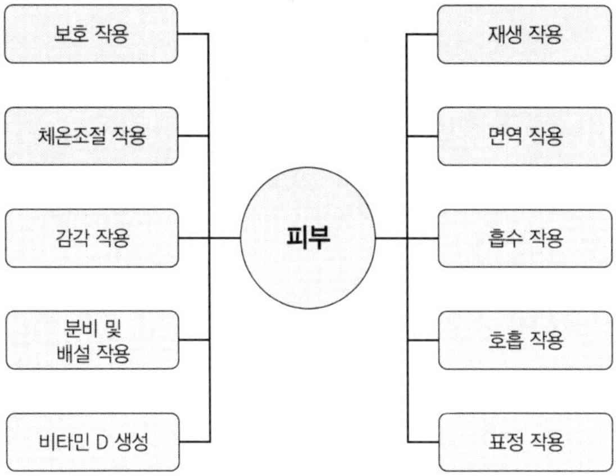

그림 4 피부의 다양한 생리적 기능

하지 않는다. 다만 지용성이면서 입자가 작은 물질은 피부에 잘 흡수된다. 또 폐호흡의 1%는 피부를 통해서 일어난다.

마지막으로, 피부는 얼굴 근육 및 뼈와 함께 움직여서 여러 가지 표정을 만들며, 이러한 얼굴의 표정은 개인의 생각, 의지 및 다양한 감정을 표현한다.

04

피부에 수분을 공급해주는 보습

피부 건강 측면에서 제일 중요한 요소 중의 하나는 피부 자체가 함유한 수분의 양을 뜻하는 '보습'이다. 피부에 포함된 수분의 양이 충분해야 피부 결에 윤기가 흐르며 매끄럽다. 수분이 부족해지면 피부가 건조하고 거칠어진다. 보습을 위한 화장품을 사용해야 하는 이유는 쉽게 사막을 예로 들어 생각해볼 수 있다. 사막은 물이 거의 없는 모래로 이루어져 있다. 이러한 척박한 환경에서 더욱더 건조한 환경이 되면, 모래층마저도 움푹 파이는 현상이 나타난다. 즉, 우리의 얼굴에서 보습을 무시하게 되면, 결과적으로는 잔주름이 발생하는 원인이 되기도 한다.

표피층의 피부 장벽: Brick & Mortar 이론

피부 가장 바깥쪽에 있는 표피층은 우리 피부의 보습을 유지하는데 중요한 역할을 한다. 또한, 피부가 노출되어 있는 외부의 각종 유해 환경으로부터 지켜주는 역할을 한다. 표피층을 피부 장벽(skin barrier)

그림 5 각질세포(벽돌)와 각질 세포간 지질(시멘트)

이라고 하는 이유이다. 특히 표피층의 최외각인 각질층이 중요한 역할을 한다.

각질층은 죽은 세포, 즉 세포의 핵이 없는 상태인데, 이들은 대략 10~12겹 정도의 층으로 이루어져 있다. 죽은 세포라 하여 쓸모가 없는 것으로 생각할 수 있지만, 그렇지 않다. 이 각질세포(corneocyte)는 벽돌과 같은 역할을 하며, 일종의 시멘트 역할을 하는 각질 세포간 지질을 분비하여 보습과 외부 미생물의 침입을 막아주는 데 기여한다. 피부 장벽 연구 분야의 대가인 피부과 의사인 U.C San Francisco 대학의 Peter M. Elias 교수는 "Bricks and Mortar" 이론이라고 하여 이런 과정을 설명하였다(그림 5).

세포간 지질의 구성요소와 역할

각질층의 지질은 주로 세라마이드(ceramide), 콜레스테롤(cholesterol), 유리 지방산(free fatty acid)으로 이루어져 있는데, 각질세포 사이에서 층상 구조(lamellar structure)를 이루어서 외부 미생물이 침입하기 어려운 피부 장벽 기능을 수행한다.

각질층에서 각질형성세포 사이를 연결해주는 피부 구조를 교소체(desmosome)라고 한다. 이 교소체가 정상적으로 분해되면 각질세포가 잘 탈락하지만, 적절히 분해가 되지 않으면 정상적으로 탈락이 이루어지지 않고 건조 피부를 유발한다. 각질층에는 천연 보습 인자(natural moisturizing factor, NMF)가 중요한 성분 중의 하나인데, 프로필라그린(profilaggrin)이 필라그린(filaggrin)이라는 단백질로 변하면서 촉촉한 피부를 유지하는 데 기여한다.

건강한 피부의 조건과 보습

건강한 피부는 대략 15~20%의 수분을 함유하고 있으며, 10% 이하인 경우에는 미생물 감염과 그로 인한 염증이 초래되는 것으로 보고되고 있다.

건강한 피부는 표면의 산도는 pH 4.5~6.0 범위의 약산성을 유지하고 있으며, 이를 통해서 바이러스, 세균 같은 미생물의 침입물을 막고, 피부 표면에서 이들의 성장을 방해한다. 피부 장벽의 악화는 알칼리와 연관되어 있는데, 피부 장벽이 손상된 경우 회복하는 과정에서 피부의 산성 pH는 정상적으로 회복되는 반면에 알칼리성 pH는 피부 장벽의 회복 과정이 지연된다.

건조한 피부는 내적 요인으로, 유전적으로 다른 사람보다 피부가 건조한 경향을 보이기도 하며, 폐경기 후에 호르몬 변화에 의해 나타나기도 하고, 노인층에서 세포 증식률이 현저하게 떨어짐에 따라서 나타나기도 한다. 이러한 건조 피부를 갖는 경우 일반적으로 가려움증(소양증)이 생기며, 수면 과정에서 무의식적으로 가려운 곳을 긁는 과정에서 염증 등의 상처가 생기기도 한다.

아토피 피부염(atopic dermatitis)은 피부 장벽의 손상으로 인한 대표적인 질환으로서 아토피 피부염 환자의 약 90% 이상은 피부 건조증을 호소한다. 아토피 환자들의 경우 피부 장벽의 이상이 생김에 따라서 피부 장벽을 이루는 지질의 양 또한 전반적으로 감소한 상태이다. 특히 세라마이드가 뚜렷하게 감소되어 있으며, 결과적으로 경피 수분 손실(transepidermal water loss)이 증가한다.

올바른 보습제를 선택하려면

보습제는 각질층에서 수분의 함유량을 향상시킴으로써 정상적인 피부 항상성을 유지하는 데 기여한다. 피부 보습 원리에 따라 보습제는 습윤제, 밀폐제, 연화제 3가지로 구분된다. 습윤제는 피부에 수분을 저장하는 역할을 하며 대표적인 물질로는 글리세린(glycerin), 히알루론산(hyaluronic acid)이 있다. 밀폐제는 피부 표면에 물이 증발하지 않도록 해서 피부에 막을 만들어 보습을 해주는 미네랄 오일(mineral oil)이 해당되며, 연화제는 피부 속 인지질층을 강화하여 보습해주는 제품으로서 트라이글리세라이드(triglyceride)가 대표적이다.

보습제를 선택하는 기준으로는 아토피, 건선 등의 질환을 앓거나 민감성 피부는 습윤형 보습제를, 피부가 갈라지는 등의 피부 건조가 심한 상태라면 피부 수분 손실을 적게 할 수 있는 밀폐형 보습제를 고르는 것이 전반적으로 좋다. 피부 장벽을 강화하는 성분이 들어있는 보습제로는 세라마이드, 콜레스테롤, 유리 지방산이 3:1:1의 비율로 들어가면서 pH를 피부 산도에 맞춰준 것이 정상 피부 장벽을 유지하는 데 도움이 된다. 특히, 겨울철같이 건조한 시기에는 보습제를 휴대하여 자주 바르는 것이 피부를 효율적으로 보호하는 가장 좋은 방법이 된다.

05

아시아 여성들의 관심사, 미백

나이가 들면 흔히 피부가 칙칙해진다는 소리를 듣게 된다. 실제로 피부색의 변화도 노화에서 나타나는 대표적인 현상 중의 하나이다. 특히 아시아 계통에 있는 여성들이 관심을 갖는 영역은 미백이다.

피부색을 결정하는 멜라닌 색소

우리 몸에서 색깔을 지니는 다양한 요소들이 총체적으로 작용하여 피부색을 결정한다. 표피층에서 멜라닌형성세포에 의해서 만들어지는 멜라닌 색소가 주로 영향을 크게 미치며, 그 외에도 피부의 혈관에서 돌아다니는 적혈구에서 나오는 빨간색 등이 영향을 준다.

흑인, 백인, 유색인종 등의 인종별 피부색의 차이는 멜라닌 색소의 양에 따라서 결정된다. 각 인종 간에 멜라닌형성세포의 수는 차이가 거의 없지만, 멜라닌형성세포가 색소를 만드는 능력 및 만들어지는 멜라닌 색소의 질이 인종에 따라 다르기 때문에 피부색이 달라지는 것이다.

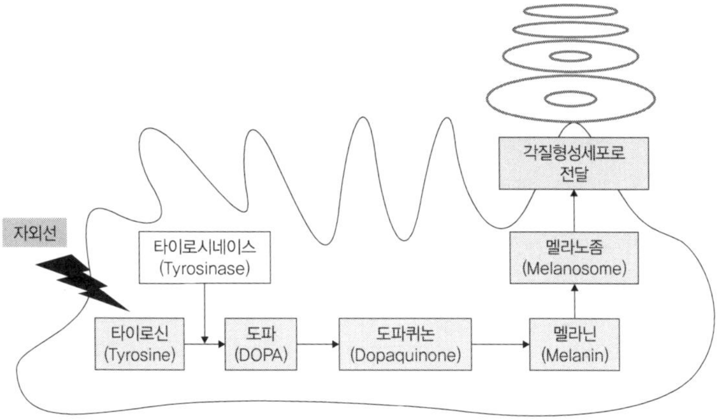

그림 6 멜라닌 생성 및 전달 과정

멜라닌은 자외선으로부터 우리 몸을 보호하는 중요한 역할을 한다. 멜라닌형성세포 주위에는 약 10개 정도의 각질형성세포들이 분포되어 있다. 피부가 자외선에 노출되면 멜라닌형성세포는 멜라닌을 생성하고, 멜라노좀을 통해서 각질형성세포에 멜라닌 색소를 전달하여 핵에 있는 DNA를 보호한다.

멜라닌을 합성하는 기전은 그림 6과 같다. 아미노산인 타이로신(tyrosine)으로부터 타이로시네이스(tyrosinase) 효소를 시작으로 도파, 도파 퀴논을 거쳐 일련의 특정 효소 반응의 차이를 통해서 약간 주황색에 가까운 피오멜라닌(pheomelanin)과 갈색 또는 검은색을 띠는 유멜라닌(eumelanin)이 생성된다.

미백과 생활

생활과 밀접하게 관련된 미백에 관한 이슈들이 있어서 소개하고자 한다. 아프리카에서 살던 흑인들이 유럽과 미국 등의 북반구로 노예로

팔려와 생활하게 되었을 때의 사례이다. 아프리카 지방의 강한 일조량에 익숙하던 당시 흑인들에게는 유럽과 미국 등 북반구의 일조량은 턱없이 부족했다. 이에 따라 당시 아프리카인의 비타민 D 합성 능력은 백인의 6분의 1 수준에 불과했다고 한다. 즉, 멜라닌 색소를 많이 보유하고 있는 아프리카인들의 피부가 태양광에 의한 비타민 D 합성 능력이 현저히 떨어지게 된 것이다. 이에 따라 비타민 D 부족으로 골격이 약해지면서, 체중을 이기지 못하여 뼈가 휘어지는 병인 구루병을 앓는 환자들이 꽤 많았다. 1991년 미국 맨하튼 흑인 공동 묘지에서 발견된 사람들의 유골을 분석한 결과, 이 중 상당수가 구루병에 걸렸던 것으로 밝혀졌다.

또 불과 수년 전에는 일본의 화장품 회사인 가네보(Kanebo)가 개발한 미백 제품이 얼굴과 목 등의 피부에 하얀 얼룩을 남기는 백반증을 유발해서 큰 사회적인 파장을 일으킨 적이 있었다. 상당수의 피해자가 발생하여 미백제 크림과 에센스 등 제품 전체를 리콜하고, 피해자들에게 보상하는 사건이었다. 이 사례의 원인은 일본단풍나무의 껍질 추출물인 로도데놀(rhododenol)이라는 물질이었다. 이 물질은 피부노화와 멜라닌 색소생성 억제에 효과를 입증하였지만, 페놀기 화학 물질이 문제를 유발했던 것으로 파악된다. 이러한 독성 같은 부작용을 줄이기 위하여 최근에는 천연 재료이더라도 비페놀성 화합물을 발굴하는 노력이 이어지고 있다.

현재 식약처에서 인증한 미백 고시 원료로는 닥나무 추출물(2%), 알부틴(arbutin, 2~5%), 유용성 감초추출물(0.05%), 에칠아스코빌에텔(1~2%), 아스코빌글로코사이드(2%), 아스코빌테타이소팔미테이트(2%), 마그네슘아스코빌포스페이트(3%), 알파-비사보롤(0.5%), 나이아신아마이드(2~5%) 등이 잘 알려져 있다.

06

바디쉐이핑과 슬리밍

우리는 현재 풍부한 먹거리 등으로 인해서 풍족한 식생활을 누리며 살고 있지만, 동전의 양면처럼 체형의 변화(체중 증가)가 따라 일어나고 있다. 사실 칼로리 섭취에 따른 체중 증가는 먹거리에서 영향도 받지만, 근육량, 성별 및 생활 방식의 영향을 받는다. 노화가 진행됨에 따라 신체 능력이 저하되고, 근육량 감소로 인한 기초 대사량 등의 신진대사율이 떨어짐에 따라서 칼로리를 소비하는 정도가 떨어지면서 체중이 증가한다. 노화와 함께 발생하는 이러한 생리적 변화는 신체의 구성과 심폐 기능을 손상시킴으로써 일하고, 운동하고, 체중을 줄이는 능력을 제한하게 되는 등 악순환되는 경향이 크다.

피하지방층에 존재하는 지방세포는 세포 소기관인 지방구에 중성지질을 저장하는 역할을 하는데, 살이 찌는 결정적인 이유는 이 지방구에 중성지질이 과도하게 생성되어 있기 때문이다. 마른 사람 대비 뚱뚱한 사람의 지방세포 수가 더 많은 것이 아니라, 이러한 중성지질이 가득 찬 지방구가 지방세포의 전체 면적을 차지하는 것이다. 중성지질은

한 개의 글리세롤(glycerol)과 3개의 지방산(fatty acid)의 에스터 결합(ester bond)에 의한 화합물이다.

리폴리시스와 리포필링

화장품 비즈니스의 관점에서는 크게 두 가지 측면으로 체형에 대해 고려할 수 있다. 비만인 사람에게는 중성지질을 감소시키는 방향으로 살을 빼도록 돕는다. 이를 리폴리시스(lipolysis)라고 하는데, lipo(지질) + lysis(분해)의 합성어이다. 특히 노출이 심한 여름철이 다가오면 해변 같은 곳에서 여가를 즐기게 되는데, 이때 팔뚝, 다리 종아리, 복부 등에 대해서 신경을 쓰는 경우가 많다. 이를 해결하기 위해 슬리밍(sliming) 또는 바디쉐이핑(bodyshaping) 같은 로션 등의 제품이 출시되고 있다. 슬리밍에 도움이 되는 효능 소재로는 카페인이 잘 알려져 있으며, 실제로 2%가 넘는 카페인이 함유된 제품이 출시되었다.

한편, 그림 7에서 보는 바와 같이 얼굴 부위에서 노화가 진행됨에 따라서 지질이 심하게 빠진 모습이 보이기도 한다. 이러한 현상은 결과

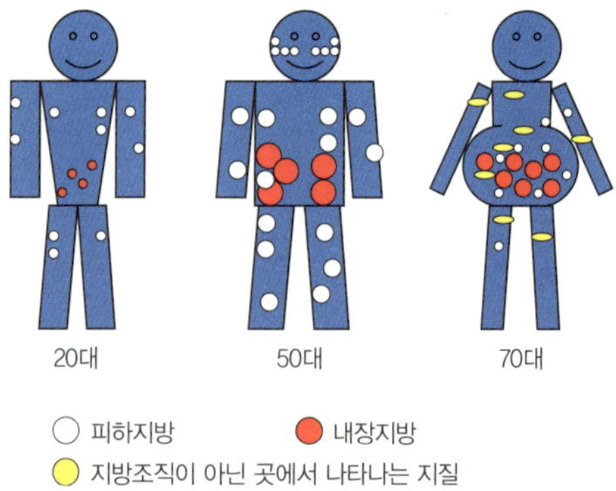

그림 7 세대별에 따른 지방조직의 분포 변화

적으로 피부의 처짐 현상(sagging)을 만든다. 이를 해결하기 위해 피부과나 성형외과의 시술을 하게 되는데, 이때 히알루론산(hyaluronic acid)으로 주로 구성된 필러 같은 주사 등을 이용할 수 있다. 또는 최근 줄기세포 기술의 발달로 인하여 자신의 지방유래 줄기세포를 얼굴 부위에 이식하는 시술을 하기도 있다. 이렇게 얼굴 부위의 지질을 채워주는 것을 리포필링(lipofilling, lipo(지질)+filing(채움)의 합성어)이라고 한다.

07

외모의 시작, 두피: 유형별 관리

두피는 우리 피부의 일부분으로서 머리 부분인 두부를 둘러싸고 있는 피부 조직으로서 외부의 각종 유해환경으로부터 뇌를 보호하는 역할을 한다. 건강한 두피는 건강한 모발을 생성하기 위한 바탕이라고 할 수 있다. 두피를 자세히 들여다보면, 모낭과 혈관이 풍부하고, 신경조직도 매우 조밀한 섬세한 구조로 구성되어 있다. 일반적으로 인체 전체의 모낭의 수는 500만 개 정도이며, 두피에는 일반적으로 약 10만 개 정도의 모낭이 분포되어 있다.

두피의 여러 가지 기능

두피는 몇 가지 기능을 보이고 있는데, 첫째는 보호의 기능으로서 다른 피부와 마찬가지로 안쪽의 피부나 근육 등을 산/알칼리 등의 화학적 자극과 자외선, 그리고 다양한 미생물의 침입으로부터 보호한다. 둘째는 흡수의 기능으로서 모발 성장에 필요한 영양분을 외부로부터 흡수한다. 특히 친유성 물질을 잘 흡수하며, 온도와 습도가 높을 시에 흡수가 더 잘된다고 한다. 셋째는 배설의 기능으로서 피지막을 생성하여 세균의 감염을 예방하며, 보습 상태를 유지한다. 피지(sebum)는 피지선(Sebaceous gland)으로부터 분비되는, 소위 개기름이라고 표현하는 것으로서, 약 57%의 중성지방(triglyceride)과 26%의 왁스에스터(wax ester)로 구성된다. 두피와 모발을 윤택하고 부드럽게 하는 역할을 한다. 두피의 한선(sweat gland)에서는 땀을 통해 인체 내의 중금속, 독소, 노폐물을 외부로 배출한다. 땀을 배출하면서 체온을 조절하는 기능도 포함한다.

넷째는 감각 수용의 기능으로서 외부의 환경 변화에 대응하기 위하여 외부의 자극을 받아들여 뇌에 전달하는 역할을 한다. 이는 촉각, 통각, 압각, 온각, 냉각을 받아들이는 감각 수용체들에 의해 일어난다. 마지막으로 미약하지만 호흡의 기능도 하는데, 피부 조직 내 신진 대사로 생긴 CO_2를 내보내고 외부로부터 산소를 공급받으며, 약 1% 정도의 피부호흡을 보인다.

두피의 유형에 따른 관리 방법

두피의 유형은 크게 정상 두피, 건성 두피, 지성 두피로 분류되는데, 이는 각질층의 수분량과 피지량, 두피의 탄력성, 각질 유무, 그리고, 모발의 밀도와 굵기에 따라서 나뉜다.

정상 두피는 가장 건강하고 이상적인 두피라고 할 수 있는데, 모공 주변에 각질이나 피지 등이 없는 모공이 깨끗한 상태이다. 정상적인 각질화 주기를 보이며, 모발에 윤기가 있고, 모발의 굵기가 일정한 모습을 띤다.

건성 두피는 수분 부족과 피지 분비 이상으로 건조함과 두피 당김 현상, 그리고, 가려움증을 유발하는 두피로서 일반적으로 각질이 모공을 덮고 있어서 모공 주변이 막혀 있고, 두피가 불규칙한 형태로 갈라져 있는 상태를 보인다. 건성두피의 발생 원인은 다양하다. 내적 요인으로는 호르몬 분비 이상, 영양상태의 불균형, 일상생활에서 얻는 대내외적 스트레스 등이 있다. 외적 요인으로는 잦은 탈색/염색 등의 화학적 미용, 잦은 드라이, 잘못된 샴푸 제품 등의 사용이 있다. 이러한 건성 두피를 관리하기 위해서는 과도한 드라이어기를 사용하는 것을 자제하고, 유수분의 균형을 고려하여 수분 섭취를 늘리며, 지압 등의 마사지를 통해 두피의 혈액순환을 촉진하는 것이 도움이 된다. 샴푸 등의 제품을 통해서 각질로 인해 막힌 모공을 깨끗하게 세척하고 관리하는 것도 필요하다.

지성 두피의 경우에는 과다하게 분비된 피지가 주요 원인이라고 할 수 있다. 두피에 쌓인 두피는 비듬과 가려움증을 유발한다. 피지 산화물에 의해서 악취가 나기도 하며, 세균이 번식하기 쉽고, 지루성 염증이 발생한다. 모공이 막혀 있는 정도가 심하면 궁극적으로는 모발이 가늘어지면서 탈모가 유발되며, 실제 탈모인의 경우에는 이러한 지성 두피 현상이 발생한다. 이러한 지성 두피를 관리하는 방법으로는 무엇보다 과도하게 분비된 피지를 제거하는 것이 중요하다. 지성 두피용 샴푸를 사용하여 피지를 세정하고, 과도한 빗질 등으로 인하여 피지선을 자극하는 일은 지양하여야 하며, 음식을 섭취하더라도 지질 함유량이 많은 음식을 최소화해야 한다. 멘톨 성분의 두피 세정제를 사용하면 청량감도 주기에 효과적일 수 있다.

08

현대인의 골칫거리, 탈모

인체의 모발은 태양광, 외부 충격이나 추위로부터 머리를 보호하며, 미용적인 관점에서도 매우 중요하다. 현대사회에서 탈모는 외적 표현의 중요 요소로서 일례로 젊은 여성들이 남성을 만나게 될 때 대머리인 남성에 대해서는 다소 기피하는 현상이 두드러진다. 또한, 탈모는 질병의 한 분야로 인식되어 있기에 전 세계적으로 다양한 연구, 개발이 이루어지고 있는 현실이다. 서구화된 식생활과 내외적 원인에 의한 다양한 스트레스 증가에 따라서 남성은 40~50대에서 30% 이상 정도로 탈모 증세가 나타나고, 여성의 탈모 증세도 5% 이상으로 파악되며, 최근에는 탈모 연령이 20~30대까지 낮아지고 있다.

모발 성장 주기와 모유두세포

신체 내에서 모발을 만들어내는 기관인 모낭(hair follicle)의 경우, 크게 4가지의 모발 성장 주기(hair cycle)를 반복한다. 즉, 발생 과정 동

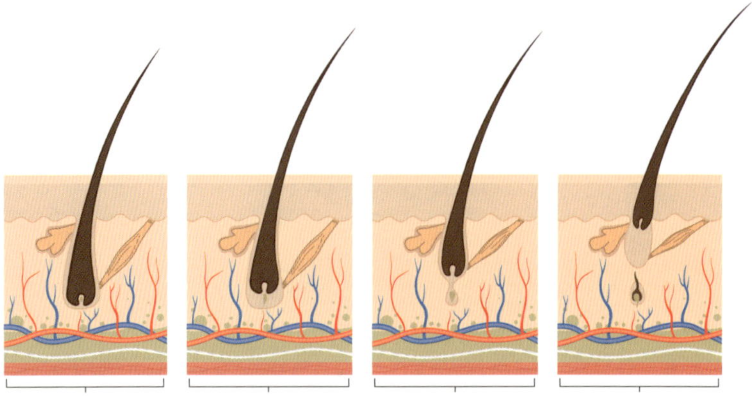

그림 8 모발 성장 주기

안 모발이 생성되며 모발이 활발하게 성장하는 성장기(anagen phase), 모발이 퇴화를 겪는 퇴행기(catagen phase), 모발이 탈락할 때까지 유지되는 휴지기(telogen phase), 그리고 탈모가 일어나는 탈모기(exogen phase)가 있다. 이 네 번의 주기를 거치며 모발이 성장하고 유지되며 탈락한다.

모유두 부근의 세포 분열과 그로 인한 이동은 머리카락의 성장과 관련이 있다. 성장기에서는 모유두로부터 모발이 생성되는데, 다양한 호르몬, 사이토카인 등에 의해 세포가 활성화되어 모유두로 세포의 이동이 일어나서 모발의 성장에 영향을 준다. 이러한 모낭의 활성은 모유두세포(dermal papillar cell)에 의해 일어나며, 이 모유두세포의 증식과 분화가 모발 성장 주기의 진행, 그리고, 모발의 형성에 굉장히 중요한 역할을 한다.

모발이 성장하는 성장기에는 모유두세포의 증식과 분화가 일어나는 반면, 모발의 성장이 중단되고 탈모 현상이 일어나는 퇴행기, 휴지

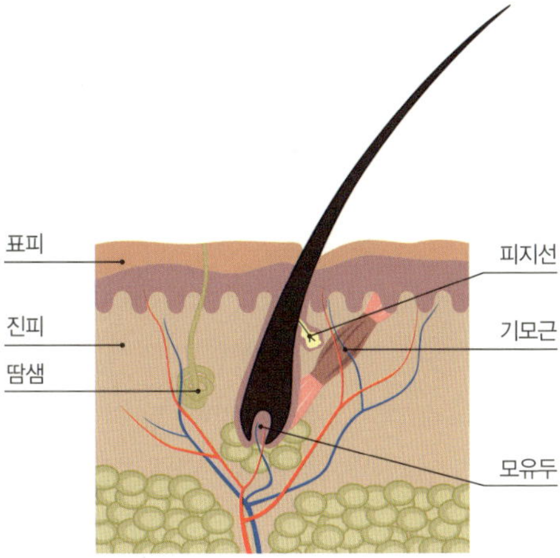

그림 9 모발의 구성 요소 및 모유두세포

기, 탈모기에는 이 세포가 죽게 된다. 따라서, 발모와 탈모는 모유두세포의 증식 및 사멸이 깊은 연관성이 있으므로 이들 세포의 증식을 유도함으로써 성장기를 늘이거나 혹은 세포 사멸을 제어하여 결과적으로 퇴행기, 휴지기, 탈모기를 줄이는 것이 탈모를 개선 또는 치료 방안이 될 것으로 판단된다.

탈모의 원인과 호르몬적 요인

두피의 혈관 내 물순물이 많거나, 모세혈관이 수축되는 경우에 모발에 충분한 영양분과 산소가 전달되지 않으므로 탈모가 일어날 수 있다. 따라서 탈모 예방을 위해 모세혈관이 정상적인 상태를 유지해야 한다. 혈관을 수축시키는 대표적인 원인으로는 스트레스가 있다. 스트레스를 받게 되면 스트레스 조절 호르몬인 코르티솔(cortisol)이 부신피질에서 분비되는데, 지속적인 코르티솔의 분비는 혈관을 수축시켜 탈모를 유발한다.

과도한 스트레스로 인해 활성 산소가 지나치게 생산되면 탈모 유전자를 발현시켜 안드로겐성 탈모(androgenetic alopecia)가 발생하기도 한다. 안드로겐성 탈모는 유전적 소인 또는 남성 호르몬인 안드로겐(androgen)의 작용으로 유발된다. 안드로겐은 모발 성장과 관련 있는 호르몬으로 그중 테스토스테론(testosterone)이 모낭에 도달하면 5α-환원효소(5α-reductase)의 작용에 의해 데하이드로테스토스테론(dehydrotestosterone, DHT)으로 전환된다. 이렇게 전환된 데하이드로테스토스테론은 모발을 가늘게 만드는 성질이 있어 유전적 원인 인자를 가진 남성에서 탈모를 유발한다. 실제 남성형 탈모 환자의 약 80% 이상은 아버지가 심각한 탈모 증상을 앓고 있는 것으로 알려졌다.

남성형 탈모는 특이한 형태의 모습을 띠는 경향이 있는데, 이마와 정수리 머리카락이 가늘어져 M자형으로 진행된다. 결국에는 이마선이 뒤로 밀리면서 두피는 훤하게 드러나고, 뒷머리 모발은 상대적으로 잘 유지된다. 거울을 쳐다봤을 때, 과거 대비 이마선이 훨씬 뒤로 밀린 것이 보이면 탈모를 의심하고, 바로 진단받는 것이 좋다.

여성의 경우 여성 호르몬인 에스트로겐(estrogen)이 안드로겐을 제어할 수 있기 때문에 상대적으로 탈모가 일어날 확률이 적다. 그러나 중년기 이후 에스트로겐이 감소하거나 체내 호르몬 균형이 무너지면 안드로겐이 과다하게 많이 발현이 되어서 탈모가 발생할 수 있다. 여성형 탈모의 경우, 이마선은 상대적으로 잘 유지되는 반면 정수리의 중심 모발이 점차 가늘어지고 숱이 없어지며, 특징적인 트리 모양으로 탈모가 진행된다. 여성의 탈모의 정도는 남성형 탈모 대비 약해서 완전한 대머리가 되는 경우는 극히 드문 편이다.

탈모 치료제와 탈모 케어 산업의 현황

현재까지 미국 FDA(Food and Drug Administration)에서 공인을 받은 모발 성장을 촉진하는 약물은 미녹시딜(Minoxidil)과 피나스테리드(finasteride) 등이 있으나, 이들 약물은 효과 지속 기간이 짧은 편이다. 특히 피나스테리드의 경우에는 임신부가 기형아를 낳을 위험성이 있고, 약물 투여를 중단할 경우 약물 투여 전보다 심하게 탈모가 진행되거나, 호르몬의 불균형을 초래하는 등의 부작용 등이 일부 보고되고 있다. 따라서 천연 유래 성분으로서 모유두세포 및 혈관 내피 세포에 대한 효능이 모두 좋은 새로운 탈모 방지제의 개발이 필요하다.

현대인들의 각종 스트레스에 노출되면서, 탈모 인구의 증가로 국내 탈모 시장도 눈에 뜨일 정도로 증가하고 있다. 탈모 연관 산업들이 성장기에 진입하였으며, 고령화 및 현대인들의 스트레스 증가에 따라 탈모 시장은 앞으로도 지속적으로 성장할 것이다. 세계 헤어케어 관련 시장에서는 중국의 탈모 분야 미용산업 시장규모가 상당히 크며, 국내 여러 기업도 중국 탈모 시장에 진출하기 위해 차별화된 제품 개발과 함께 마케팅을 강화하는 실정이다. 탈모 시장은 탈모 관리제품, 탈모 케어 기기, 탈모 관리실 및 탈모 의료 시술로 세분화되어 새로운 제품들이 개발되고 있지만, 샴푸 시장의 규모가 가장 크다. 이러한 시장동향

표 1 국내/외 헤어케어 시장 전망

년도	2017	2018	2019	2020	2021	2022	2023	2024	복합 연간 성장률
세계시장 (억 달러)	536	555	575	595	616	637	659	682	3.5%
국내시장 (억 원)	8,505	8,855	9,741	10,715	11,786	12,965	14,261	15,688	100%

과 함께 국내에서는 신소재 개발과 함께 안전하고 효능이 좋은 탈모 방지 제품의 요구가 확대되고 있는 추세이다.

09

일상생활의 필수품, 자외선 차단제와 광노화

우리 피부는 누구나 노화를 겪는다. 피부노화는 그 요인에 따라 외인성 노화(extrinsic againg)와 내인성 노화(intrinsic ageing)로 분류할 수 있다. 외인성 노화는 외부 환경적인 요인인 자외선, 흡연 및 기타 환경 오염에 의해서 유발되는 노화 과정을 말한다. 이 중에서도 특히 자외선에 의한 노화를 광노화(photoaging)라고 부른다. 내인성 노화는 나이에 따라서 자연스럽게 진행되는 노화 현상이다.

피부노화 현상

피부노화가 일어가게 되면 나타나는 피부 변화는 다음과 같다. 먼저 진피층의 콜라겐 및 엘라스틴 단백질들의 분해 및 감소로 인해서 주름이 발생하며, 탄력이 저하된다. 입술의 붉은색 및 눈썹의 짙기가 감소하기 때문에 얼굴의 전체적인 대비도가 낮아지기도 한다. 피부의 두께도 변하는데, 세포 증식률이 떨어짐에 따라 전체적인 피부가 얇아진다. 특히 표피층과 진피층이 서로 닿는 표면적이 줄어들어서 형태학적으로는 진피-표피 경계면이 젊은 시기에는 요철처럼 굴곡이 있는 반면에 노화가 심화되면 편평하게 된다. 이는 표피층과 진피층 사이의 영양분의 이동 및 층별 세포 간의 상호작용의 감소로 이어지게 되며, 점점 더 악화된다.

피부의 적, 자외선

그렇다면 내인성 노화와 광노화(외인성 노화) 중 어느 것이 우리 피부에 더 악영향을 끼칠까? 서울대 피부과 정진호 교수 연구 그룹에서 젊은 그룹과 노인 그룹 간에 얼굴과 엉덩이 피부에서 콜라겐의 발현량을 측정한 결과, 엉덩이에서는 콜라겐의 발현량의 차이가 큰 차이를 보이지 않는 반면에, 얼굴 피부의 경우 콜라겐의 발현량의 차이가 뚜렷하게 나타남을 관찰하였다. 또 다른 예로 20년간 트럭을 운행한 운전사의 경우, 지나다니는 길의 특성에 따라서 햇빛이 비치는 시간에 왼쪽 뺨이 지속적으로 자외선에 노출되어 깊고 굵은 주름이 상당히 많이 생긴 반면, 그렇지 않은 오른쪽 뺨은 상대적으로 주름이 덜 생기는 현상을 보였다. 즉, 우리 피부는 내인성 노화보다 자외선에 의한 광노화에 의한 영향을 더 많이 받는다고 할 수 있다.

일시적으로 자외선에 노출되면 피부가 붉어지는 홍반 현상에 그치고, 그렇기 때문에 여름에는 해수욕에서 태닝(tanning)을 즐길 수 있다. 하지만 지속적으로 자외선에 노출된다면 깊은 주름, 더 심하게는 피부암이 발생한다.

자외선 A와 자외선 B

따라서 우리는 자외선을 차단하는 데 주의를 기울여야 한다. 우리 피부에까지 도달하는 태양광의 자외선은 크게 자외선 A(315~400 nm)와 자외선 B(파장 280~315 nm)이다. 자외선 B의 경우에는 우리 피부의 표피층까지 도달되는 반면, 자외선 A의 경우에는 피부 진피층까지 도달한다. 한편, 태양광으로부터 오는 자외선 C(파장 100~280 nm)의 경우에는 약 13~50 km에 해당되는 성층권 안 오존층에 의해서 거의 흡수되어 지구 표면에까지 들어오지 못한다. 다만, 최근에 지구 온난화 등의 이유로 일부 오존층이 파괴되는 현상이 있으므로 이에 대한 대응이 필요하다고 한다. 따라서 일상생활에서는 자외선 A와 자외선 B를 막는 자외선 차단제를 바르는 것이 필수적이라고 할 수 있다.

자외선 차단제를 고를 때 신경을 써서 살펴봐야 하는 표시가 있다. Sun Protection Factor(SPF)와 PA 지수이다. SPF는 자외선 B를 차단하는 효과를 의미한다. 피부과 전문의들의 의견에 따르면 SPF 지수가 15 이상이면 이미 자외선은 95% 이상 차단이 된다고 한다. 따라서, SPF50 제품은 거의 99% 정도로 자외선을 차단할 수 있는 셈이다. 일상생활에서는 땀 분비 및 피지 분비, 외부와의 접촉 등으로 인해서 얼굴 같은 곳에 덧바른 자외선 차단제가 옅어지는 현상이 있으므로 오히려 전문가들은 SPF가 높은 자외선 차단제를 1회만 바르는 것보다는 수치가 낮더라도 2~3시간마다 바르는 게 더 효과적이라고 한다. 그렇기에 SPF50이나 SPF15이나 그 차이가 크지 않다고 한다. 오히려 SPF 숫자가 클수록 자외선 차단제에 들어있는 물질들이 피부에 자극을 줄 수 있으므로 SPF 지수가 무조건 높다고 좋은 자외선 차단제라고 할 수는 없고, 자신의 피부에 잘 맞는 자외선 차단제를 선택하고, 여러 번 덧

바르는 것이 좋다.

PA지수는 자외선 A를 차단하는 작용을 나타내는 Protection UVA grade를 말한다. PA는 +의 표기로 효과를 표시하는데, + 표기가 많을수록 자외선 A를 차단하는 효과가 큰 제품이라고 할 수 있다.

무기자차와 유기자차

자외선 차단제는 그 주성분이 무기 화합물인지 유기 화합물인지에 따라 크게 두 가지로 나뉜다. 무기 화합물은 물리적으로 자외선을 산란, 반사시키는 기능을 하며, 대표적인 성분은 티타늄디옥사이드(TiO_2)와 징크옥사이드(ZnO)가 있다. 이들 두 성분은 UVA와 UVB 모두를 차단하는 효과가 있다. 과거에는 입자 크기가 크다 보니, 덧발랐을 때 피부가 하얗게 보이는 백탁 현상이 존재하여 우스꽝스러워 보이기도 했다. 최근에는 기술의 발달로 입자를 나노화시켜서 백탁 현상이 감소하도록 배합되어 출시되고 있다. 무기 화합물의 경우에는 피부 최외각 표면에만 흡수됨에 따라서 피부에 자극을 유발하지 않아서 안전성이 높은 것으로 판단되고 있다.

반면, 유기 화합물은 자외선을 열에너지로 바꾸는 기능을 하는데, 대표적인 성분은 옥시벤존(oxybenzone)과 아보벤존(avobenzone)이다. 이들은 성분 종류에 따라서 UVA와 UVB 흡수능력이 다르다. 지용성이어서 피부에 약간 흡수되는 현상을 가지며, 성분이 맞지 않으면 피부에 자극이 유발되는 경우가 있다.

10

열노화

정상적인 피부 표면 온도는 일반적으로 약 31℃ 내외이다. 그러나 한여름에 15분 이상 직사광선에 노출되면 피부 온도는 무려 41~43℃까지 상승한다. 무더위인 한여름에 자외선으로부터 피부를 보호하는 것 외에도, 뜨거워진 피부를 바로바로 식혀주는 것이 건강한 피부를 유지하는 좋은 방법이라는 연구결과가 2004년에 서울대병원 피부과에서 발표가 되었다. 이는 열(heat)에 의한 피부 온도 상승이 피부노화를 일으킨다는 결과였으며, 주로 자외선에만 신경 쓰던 연구에서 나아가 '열피부노화(thermal skin aging)'라는 새로운 유형의 원인이 제시되었다. 이에 따라 열노화를 해결하는 솔루션도 제시되고 있다.

열노화 연구의 개요

연구 결과를 좀 더 자세히 살펴보자. 피부 섬유아세포를 42℃의 열에 노출시킨 후 상태를 관찰했더니 피부 온도가 상승함에 따라 콜라겐과 탄력섬유가 감소하고, MMP-1에 의한 분해가 증가되었다. 이는 주름이 생성되는 등의 피부노화를 촉진한다. 전기 열선을 사용하여 42℃의 열을 30분 정도 사람의 엉덩이 피부에 가하고, 조직검사를 통해 분석하였더니 탄력섬유를 구성하는 단백질들이 감소하였다. 또 탄력섬유의 분해효소의 발현이 증가하는 것도 관찰하였다. 이는 열로 인하여 피부의 탄력이 현저하게 떨어지고 주름이 발생한다는 것을 증명하였으며, 추가적으로 DNA가 손상됨을 알 수 있었다. 이러한 결과는 열에 의해 피부가 손상되는 신호전달 기전을 처음으로 규명한 것이다.

서울대병원 피부과에서는 추가적으로 연구를 진행하였는데, 열과 관련된 핵심 단백질 중의 하나로 Transient Receptor Potential Vanilloid 1(TRPV1)을 동정하였으며, 이를 조절하는 활성 억제 펩타이드에 대해서도 개발하여 특허를 등록하였다. TRPV1은 고추의 매운맛을 느끼게 하는 대표 물질인 캡사이신(capsaicin), 열, ATP 등에 의해 활성화되며, 이때 세포 내로 칼슘의 유입을 유도한다. TRPV1이 열 자극에 대한 생물학적 센서임을 말해주며, 뇌, 신장 및 각질형성세포와 같은 여러 조직에서 발현이 되는 것으로 보고되고 있다. 피부 세포가 열에 의해 유도된 MMP-1 발현에서 TRPV1이 매개한다는 연구 결과가 발표되었으며, 자외선과 같은 대내외 유해한 자극에 대한 반응을 하는 센서로서 TRPV1가 기능할 것임을 제시하고 있다. 이에 피부 노화를 방지 및 예방하기 위해 신규 TRPV1 활성 억제 펩타이드를 발굴하였다.

생활 속 열노화 주의보

본 일련의 연구들을 통해서 열노화의 중요성을 인지한 화장품 시장에서도 열노화 관련 제품이 출시되었다. 대표적인 것으로는 아모레퍼시픽에서 최초로 출시한 '설화수 소선보 크림'이 있으며, 이는 낮에 자외선과 열로 인해 일어나는 피부 노화를 제어하는 기능으로 광고되고 있다.

태양광뿐 아니라 적외선, 사우나, 요리, 히터 등의 난방기기 등 다양한 생활 속에서 우리는 열에 노출된다. 이러한 경우에도 노화가 발생할 수 있기 때문에 특정 계절이나 날씨에 상관없이 항상 피부 온도에 주의를 기울이는 것이 피부노화를 막는 길이 될 것이다.

2장

바이오 화장품의 항노화 기술

01

피부 노화의 원인이자 피부의 적, 활성 산소

우리 피부의 최외곽 층인 표피층은 28일을 주기로 노화된 각질이 탈락하며, 피부 표피를 건강한 상태로 유지하고, 수분을 안정적으로 보유하여 보습을 유지한다. 최근에는 다양한 환경 요인인 미세먼지, 황사 등으로 피부에 닿는 자극이 많아져 염증을 유발하는 등 여러 가지 피부 손상을 유발한다. 특히, 미세먼지의 경우에는 주로 중금속이 함유되어 있고, 황사에는 미생물 사체 등이 있어서 피부에 염증을 유발하는 일이 잦아졌다. 자외선과 마찬가지로 이러한 외적인 환경에 따른 스트레스와 현대인들의 다양한 생활 환경에서 일어나는 스트레스들은 우리 몸에 활성 산소(reactive oxygen species, ROS)를 유발시킨다.

활성 산소의 위험성과 항산화 효소

지구상에 존재하는 산소를 이용해 호흡을 하는 호기성 생물들은 세포 내 주요 소기관 중의 하나인 미토콘드리아(mitochondria)에 존재하는 전자전달계(electron transport chain) 시스템을 통해, 섭취한 유기물(예: 포도당)로부터 유래된 전자를 산소로 전달하며 ATP (adenosine triphosphate)라는 에너지를 생성한다. 이때 전자(e^-)를 받은 산소는 양성자(또는 H^+)와 함께 안정한 상태인 물을 생성한다. 이러한 생화학적인 과정에서 극히 일부가 물이 되지 않고 전자만 받아 활성 산소인 슈퍼옥사이드(superoxide)가 된다.

이 활성 산소들은 일반적으로 불안정하고 높은 에너지를 갖고 있으며, 생체 내의 다른 분자들인 단백질, 지질, DNA 등과 쉽게 산화 반응을 일으켜 이들의 기능을 손상시킨다. 궁극적으로는 세포 및 세포로 구성된 조직에 손상을 입혀 노화를 촉진하거나, 암을 유발할 수 있다.

이러한 활성 산소의 악영향으로부터 보호하기 위해서 우리 생체는 항산화 효소인 슈퍼옥사이드 디스뮤테이스(superoxide dismutase, SOD)나 카탈레이스(catalase) 등을 보유하고 있다. SOD 효소는 슈퍼옥사이드를 과산화수소(H_2O_2)나 산소(O_2)로 전환시키며, 카탈레이스는 과산화수소를 물과 산소로 최종적으로 분해하는 역할을 한다. 이 외에 여러 항산화제가 있는데, 대표적인 예로는 비타민 C(아스코르브

$$O_2 \xrightarrow{\text{슈퍼옥사이드 디스뮤테이스 (SOD)}} O_2^- \xrightarrow{\text{카탈레이스 (catalase)}} H_2O_2 \longrightarrow H_2O$$

그림 10 활성 산소와 항산화 효소의 관계

산이라고도 불림), 비타민 E(토코페롤이라고도 불림), 글루타치온 (glutathione) 등이 있다.

항산화 소재 바이오 화장품

최근 연구에 따르면, 많은 양과는 달리 상대적으로 적은 양의 활성 산소가 발달 과정 및 건강에 도움이 될 수도 있다는 결과들도 발표되고 있다. 이에 따라 활성 산소를 적정 수준으로 유지하는 것이 필요하다는 연구 보고도 발표되었다. 다만, 바이오 화장품에서 이를 미세하게 조절할 수는 없기에, 일반적으로 현대인들의 생활에서 다양한 내/외적 스트레스로 인해 과다하게 생성된 활성 산소를 제거하는 방향으로 항산화 효과를 보이는 소재를 담은 제품이 주로 출시되고 있다.

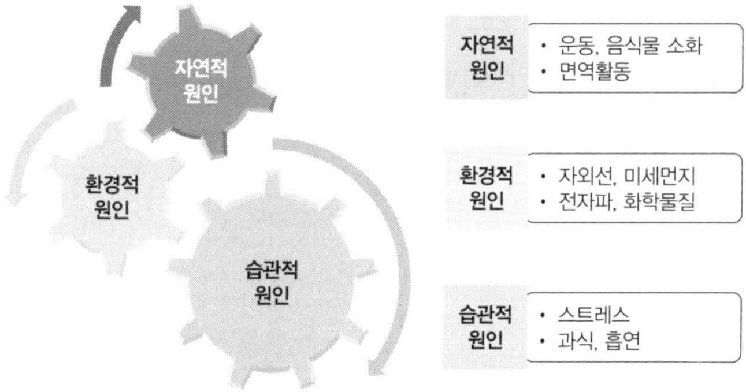

그림 11 활성 산소 생성의 3가지 원인

02

생명현상의 통합적 이해, 시스템생물학

시스템생물학(systems biology)은 생명현상을 종합적으로 이해하고 근본적인 원리를 밝혀내기 위해 생물학 외에도 수학, 전산학, 물리학, 화학 등의 원리를 사용하여 생명 시스템을 이루는 주요 구성 요소들과 동역학(dynamics)적 특성을 시스템 차원 관점에서 통합하고, 분석하는 학문이다. 시스템생물학의 목표는 세포 작용의 네트워크를 구성하는 분자, 세포, 조직 간의 시간적, 공간적 상호관계를 연구함으로써 이러한 상호 조절 작용의 본질을 이해하고, 생명현상의 원리에 대한 통찰력을 확보하여 생명현상을 좋은 방향으로 제어하는 것이다.

기존의 생명 과학의 방식은 주요 구성 요소 하나에 국한되는 경우가 잦았다. 가령 특성 유전자를 유전공학 방법으로 없애서 개별적인 기능 또는 효능을 알아내는 방식을 통해 전개해왔었다. 그러나 생명체는 수많은 유전자와 단백질, 다수의 대사물질들이 복잡한 반응을 통해 상호작용을 하고 있으므로, 이를 하나의 유기적인 시스템으로 고려할 수 있다. 기술의 발달로 유전체의 염기 서열을 고속, 자동, 대용량으로 해독

할 수 있게 되었고, 인터넷망이 확산됨과 동시에 컴퓨터의 전산 처리 능력도 발전하게 되어서, 생명과학은 다양한 빅데이터 분석을 통해 기능을 예측하는 패러다임으로 빠르게 진화되었다.

시스템생물학을 연구하기 위해서는 데이터가 대량으로 요구함과 동시에 대량의 데이터를 수집하여 각각에 대한 관계도를 파악하고, 시스템의 반응을 추정해주는 모델링 기술 능력이 뒷받침되어야 한다. 따라서 시스템생물학은 다양한 학문 분야가 관련된 융합학문이라고 볼 수 있다.

융합 기술로 이루어진 시스템생물학의 역사

시스템생물학 초기의 중점 연구과제는 효소 동역학의 정량적 모델링, 신경 생리학의 가상 실험 등이었다. 초기에 생명현상에 전산학 분야를 도입한 과학자는 1952년 신경세포에서 신경 전달 경로에 대해 수학적 모델을 도입하여 노벨상을 수상한 영국의 신경생리학자인 Alan Lloyd Hodgkin와 Andrew Fielding Huxley이다. 이들은 신경세포의 역할이 포타슘(칼륨) 채널 및 소듐(나트륨) 채널과 관련이 있으며, 그 상호관계에 대해 시스템생물학적으로 전산화하였다.

이후 1966년에 Mihajlo D. Mesarovic가 처음으로 시스템 이론과 생물학에 대해 언급하였다. 당시 시스템생물학 연구의 성공을 위해 시스템을 연구하는 과학자들은 생명과학에 대한 이해 및 문제점 등을 해결하기 위해 실험을 기반으로 하는 생물학자들과 밀접한 공동연구를 수행해야 하며, 생물학자들은 시스템과 신호, 동적 상호작용의 관점에서 생명현상을 이해하려고 노력해야 한다고 제시하였다. 1960년~1970년대에는 대사과정 및 생화학적인 분자들에 대해 연구되었다. 고속 염기 서열 분석 장치 등의 개발로 1990년대 기능적 유전체학(functional genomics)이 등장하면서부터 전산 과학의 발전을 통해 높은 수준의 많은 양의 데이터를 확보하는 것이 가능해지면서 모델을 예측하는 것도 가능해졌다. 1997년 Masaru Tomita 연구팀이 대사과정의 정량적 모델을 발표하였으며, 2000년도 인간 게놈 프로젝트가 발표된 후 더욱 발달하게 되었다.

시스템생물학의 중요성과 요소

약 30억개에 달하는 엄청난 양의 인간 게놈 정보로부터 데이터를 해석하는 것이 중요함에 따라 정보 기술(Information Technology)과 생명과학기술이 융합된 데이터 마이닝(data mining), 생명정보학(bio-informatics)을 통해 시스템생물학의 중요성이 커지고 있다.

시스템생물학의 3가지 요소는 다음과 같다.

1. 특정 생명 현상의 문제를 해결하기 위하여 관련된 글로벌 데이터를 생산한다.
2. 이러한 데이터들을 네트워크로 통합한다.
3. 이 네트워크를 분석하여 주요 바이오 마커/신호 전달 경로를 동정한다.

시스템생물학은 이러한 방법에 따라 아직 해결하지 못한 생명 현상을 규명하기 위해 데이터를 생산하거나, 이미 존재하는 모든 데이터를 네트워크로 통합하고, 분석하여 해결할 방법을 제시한다. 앞으로도 수많은 유전정보를 체계적으로 분류 및 검색하기 위한 소프트웨어나 엔진, 데이터베이스 작업 및 활용을 위한 방법들이 꾸준히 개발될 것이다.

오믹스와 시스템생물학과의 불가분의 관계

오믹스(Omics)의 '옴(-ome)'이라는 뜻은 덩어리라는 의미이다. 즉 오믹스는 어떤 대상을 연구할 때 모든 요소를 하나의 종합체로 바라보고, 전체의 반응에 대해서 종합적으로 예측하고자 하는 것이다.

오믹스는 특정 대상에 관한 모든 구성 요소에 대해 규명하는 것을 목적으로 하는 반면, 시스템생물학은 구성 요소 간 시/공간적 상호 작용에 대해 규명하는 분야라고 할 수 있다. 오믹스 생물학을 통해서 확보된 대량의 오믹스 데이터가 시스템생물학을 하기 위해 필요하다.

오믹스 기술 중 유전체학(genomics), 전사체학(transcriptomics), 단백질체학(proteomics)이 시스템생물학과 상관성이 크다. 우리가 현재까지 기능이 파악된 유전자의 수는 3,000~5,000개로서 전체의 약 10~20% 정도이다. 이런 유전자의 기능을 대규모로 규명해 나가는 연구분야를 기능유전체학(functional genomics)이라고 한다.

이러한 오믹스 연구에 대해서 최근에 개최된 2022년 국제화장품학회(International Federation of Societies of Cosmetic Chemists, IF-SCC)에서도 따로 세션을 만들었듯이 특히 피부 노화, 미백, 보습이란 관점에서 글로벌 화장품 회사들이 관심을 가지고, 비용이 많이 드는 특성상 상당한 자본을 투자하여 연구하고 있다. 궁극적으로는 피부 노화 현상을 총체적으로 이해하고, 이와 연관된 타깃들을 동시다발적으로 선별하며, 이들을 동시에 제어할 수 있는 소재들을 확보함으로써 획기적인 솔루션을 개발하여, 제품의 차별화를 노리는 것이다.

03

생명 연장의 꿈, 장수 유전자

사람은 체력도 다르고, 지적인 능력 및 성격이나 질병도 다르며, 육체적으로 나이 먹는 속도도 모두 다를 정도로 천차만별이다. 이 중에서 100세 이상으로 장수하는 사람(centennial man)들은 전염병이나 암 등에 대한 면역력이 강해 건강을 유지하는 것으로 예상된다. 실제 이들을 연구한 결과, 이탈리아에서 사는 100세 이상의 초고령자들에 대한 건강한 고령자의 유전자 염기 서열을 비교 분석하였더니 DNA 복구 능력과 세포 건강 상태, 손상된 세포의 자발적인 사멸(apoptosis)과 관련한 특정 유전자들의 변화가 관찰되었다.

한계 수명에 도전하다

지구상에 존재하는 다양한 동물들이 고유한 수명을 가지고 있으며, 이러한 수명의 차이는 각 동물 종의 유전적 특성 때문이다. 연구 결과 특정 유전적 부위가 장수와 상관있는 것으로 밝혀졌으며, 체세포의 경우에 50회 이상 분열할 수 없다는 헤이플릭 한계(Hayflick's limit) 이론은 수명에 있어서 한계가 있다는 것을 제시해준다. 그러나 전 세계적으로 초고령화 사회로 진입함에 따라 기대수명을 단순히 연장하는 것이 아닌, 건강수명(질병을 앓지 않고 건강하게 사는 수명)을 향상시키기 위한 연구가 주목을 받고 있다. 이와 더불어 수명과 관련된 장수 유전자들을 발견하여 수명 자체를 연장하려는 도전적인 연구들도 활발하게 진행되고 있다.

미국 Albert Einstein 의과대학에서 장수하는 노인들의 유전자에 대해서 분석한 결과, 남성에게 특이적으로 성장호르몬과 결합하는 단백질에 돌연변이가 발생했을 때 수명이 10년 더 증가한다고 발표하였다. 즉, 100세 이상 남성의 약 12% 정도가 수용체 단백질 유전자에서 DNA 일부가 결핍되어 있었는데, 70세 남성 대비 3배나 많은 돌연변이 결과값이었다. 이는 성장호르몬으로 인한 노화가 유전자 돌연변이 때문에 억제되면서 수명이 늘어난 것으로 추측된다. 청소년기의 성장호르몬은 몸을 자라게 하지만 더 이상 성장하지 않는 성인 시기에는 세포 분열을 증가시켜 오히려 노화를 촉진하는 것으로 알려져 있다. 이에 연구진은 약물로 유전자 돌연변이와 유사하게 성장호르몬의 작용을 제어하면 수명을 늘릴 수 있을 것으로 예측하였고, 동물실험에서 긍정적인 결과를 발표하였다.

수명 연장을 위한 유전자 분석

효모부터 포유류까지 칼로리 제한이 수명을 연장해준다는 사실이 관찰되었지만, 이에 대한 정확한 원인은 거의 밝혀지지 않았었다. 미국 하버드 대학의 David Sinclair 교수 연구팀은 생쥐의 칼로리를 12개월 동안 제한한 결과, NAD 의존 탈아세틸효소(nicotinamide adenine dinucleotide-dependent deacetylase sirtuin-1, SIRT1)의 발현이 증가되어 세포 사멸을 유도하는 Bax 단백질을 억제하여 세포 사멸이 줄어든다는 사실을 발견하였다. 반면에, 인슐린 또는 인슐린 유사 성장인자 1(insulin-like growth factor 1)와 같이 수명 연장을 제한하는 두 종류 인자를 가해주면 SIRT1의 발현 유도가 억제되는 것을 확인하였다.

또 독일 Christian-Albrechts 대학 연구팀은 100세 이상 장수하는 사람의 DNA 샘플과 이보다 젊은 사람들의 DNA 샘플을 비교한 결과, FOXO3A 유전자 변이가 100세 이상 장수한 사람에서 더 자주 발견되는 것을 발견하였다. 비슷한 시기에 95세 이상 장수하는 일본계 미국인들에게서 FOXO3A 유전자 변이가 자주 나타난다는 연구 결과도 발표되었는데, 이에 따라 FOXO3A 유전자 변이가 일본인과 유럽인에 상관없이 장수와 상관이 있을 수 있다고 제시되었다.

PTEN과 Klotho

이외에도 최근에 인슐린 발현을 감소시킨 돌연변이 예쁜꼬마선충(*C. elegans*)에서 종양 억제 유전자로 잘 알려진 PTEN에 돌연변이를 만들면 장수와 건강을 모두 함께 얻을 수 있다는 결과도 발표되었다. 즉, 인슐린 또는 인슐린 유사 성장인자의 발현이 감소한 예쁜꼬마선충에서 PTEN 유전자 돌연변이는 세포의 성장과 증식, 그리고 수명에 관련된 유전자의 발현을 유도하는 전사인자 FOXO의 활성을 유지하게 하여, 건강을 유지하면서 수명을 연장할 수 있다는 것이다.

또 다른 장수 유전자로 밝혀진 Klotho는 그리스 운명의 세 여신 중 하나인 클로토의 이름을 따서 명명된 것이다. Klotho가 결핍된 생쥐는 노화가 가속화되는 반면, 과발현되면 유전자가 수명이 30% 연장되었다. Klotho 단백질은 인슐린/insulin-like growth factor 1 신호전달을 억제하여 장수 효과를 매개한다. 이 신호 경로의 억제는 칼로리 제한으로 인한 장수 현상의 중심 메커니즘으로 간주되며, 1차 인간 섬유아세포를 사용한 노화 모델에서 Klotho 유전자의 발현이 노화된 세포에서 발현이 감소된 것으로 밝혀졌다.

최근 Mibelle Biochemistry라는 화장품 회사가 이 Klotho 장수 유전자를 활성화시키는 북극 이끼를 발견하여 화제가 되고 있다. 북극 지방에서 자라는, 즉 영하 기온에서도 버티는 특성으로 인해 좋은 마케팅 요소가 되었으며, 이 추출물이 피부 세포를 젊게 만든다고 하여 항노화 화장품을 출시하였다.

이렇게 수명 연장과 관련된 장수 유전자에 대한 연구가 지속적으로 진행되고 있으며, 이들 장수 유전자들을 조절하는 소재들을 찾아 항노화 바이오 화장품에 반영이 될 것으로 예상이 된다.

04

생명의 수명 한도를 결정하는 텔로미어

세포의 핵 속에는 유전정보를 지닌 염색체(genome)가 있으며, DNA와 단백질로 구성된 염색체의 양쪽 말단에는 세포 분열 시에 DNA를 보호하는 역할을 하는 텔로미어(telomere)가 붙어있다. 텔로미어를 이해하기 쉽게 설명한다면, 운동화 끈 끝의 플라스틱 캡과 유사하다고 할 수 있다. 이 플라스틱 캡은 끈을 보호하기 위한 수단으로 쓰이는 것이다. 텔로미어도 염색체에서 일어나는 DNA 손상과 함께 염색체 간 비정상적 결합을 방지하는데, 세포 분열이 계속 진행되면 텔로미어가 점점 짧아지게 되며 결국에는 염색체 보호 기능도 감소한다. 최종적으로 텔로미어가 너무 짧아져 한계점에 이르게 되면, 세포는 분열을 중단하고 스스로 죽게 된다.

텔로미어와 노화

텔로미어가 짧아지면서 비정상적 기능이 나타나면 노화, 대사성 증후군, 암 같은 노화 관련 다양한 질환을 앓게 된다. 텔로머레이스(telomerase)를 없앤 쥐는 노화를 빨리 겪지만, 이 효소를 생쥐의 몸속에 주입하게 되면, 노화의 속도를 지연시킬 수 있다는 연구 결과가 발표되었다. 평균적으로 남성의 수명이 여성 대비 약 5% 더 적다고 하는데, 이는 수명과 상관성이 있는 텔로미어의 길이의 차이가 원인일 수 있다. 텔로미어의 길이를 크게 하는 효소가 여성 호르몬인 에스트로겐을 활성화시키고, 그 결과, 노화의 속도가 줄어들어 궁극적으로는 수명이 연장된다는 것이다.

노안으로 보이는 사람은 건강도 안 좋을 확률이 높다. 기억력도 감퇴되고, 쇠약해지며, 공복 혈당과 스트레스 호르몬인 코르티솔 수치도 일반적으로 높고, 심혈관 질환 발병률도 높다는 연구결과가 발표되었다. 텔로미어 길이가 짧아진 사람들은 당뇨병, 심혈관 질환, 같은 건강 문제를 겪으며, 만성 염증의 확률도 높다고 한다. 노화가 진행됨에 따라 염증은 심해지는데, 텔로미어 손상이 이러한 염증성 노화(inflammaging)의 원인 중 하나로 규명되었다. 따라서, 텔로미어 길이가 짧아지는 것을 지연하거나 저해한다면, 노화 과정을 늦춰 결과적으로는 생명을 연장할 수 있으리라 판단된다.

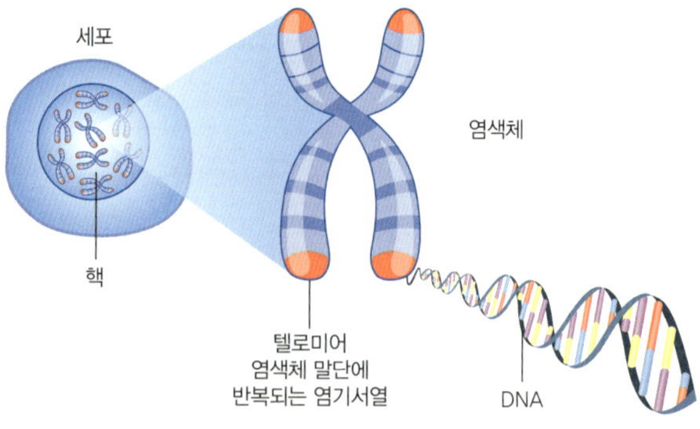

그림 12 세포, 염색체, 그리고 텔로미어

05

후천적으로 바꿀 수 있는 후성유전학

현대 생물학에서 지구상에 존재하는 모든 생물체의 유전체 서열 규명을 통해서 유전학(genetics)의 개념을 넘어서, 염색질(chromatin) 수준에서 생명 현상에 대한 이해 및 기능을 규명하려는 후성유전학(epigenetics) 연구 분야가 포스트게놈(post genome) 시대 생명과학의 주류로 대두되고 있다.

후성유전학은 무엇인가?

후성유전학은 DNA의 염기 서열이 유지되는 상태에서 다양한 생활 환경 등에 의한 영향으로 유전자 발현 조절을 연구하는 학문이다. 복잡한 생명 현상을 유전학과는 다른 관점에서 바라보며, 유전학만으로 해결하지 못했던 여러 가지 중요한 생물학적 현상들에 대한 해답을 찾는 데 역할을 한다. 이에 대한 분자적 수준의 이해는 여전히 부족하지만, 일반적으로 잘 알려진 내용은 다음과 같다.

인간 유전체에는 'CpG island'라는 이중 염기 서열(사이토신 염기 cytosine와 구아닌 염기guanine가 다수 존재하는 특징을 보임)이 존재하고 있다. 특이하게 약 70% CpG의 사이토신 염기에는 메틸기(-CH_3)가 결합되어 있는데, 이를 'DNA 메틸화(methylation)'라고 부른다. 이 DNA 메틸화 현상은 유전체의 여러 반복 서열 등에서 흔하게 관찰되며, 이는 유전체의 안정성 유지와 관련하여 중요한 역할을 하는 것으로 파악되고 있다. 특정 조건에서 사이토신 메틸화가 일어나며 이 부위에 해당되는 뉴클레오솜(nuecleosome)이 히스톤(histone) 단백질들과의 상호작용을 통해 염색질(chromatin) 구조에 변화를 주어서 결국에는 유전자의 발현에 영향을 주게 된다.

후성유전학에 대한 연구: 생쥐 실험

우리 생체는 항상성(homeostasis)을 유지하려고 노력하는데, 다양한 외부 환경의 신호들은 이러한 항성성 유지를 방해하여 결국에는 다양한 노화 현상 또는 노화와 관련된 질병을 유발한다. 이 과정을 연구하는 데 있어서 항성성 유지에 필수적인 후성유전학을 이해하는 것이 중요하다.

2005년 Michael Skinner 교수 연구 그룹의 연구 결과를 살펴보자. 임신한 쥐를 화학 물질에 노출시킨 후 태어난 수컷 새끼들을 조사한 결과, 화학 물질의 영향으로 대부분 수컷 새끼들의 고환이 비정상적이고 정자도 허약한 상태였다. 이렇게 태어난 쥐들끼리 교배를 진행한 결과, 2세대 쥐들에게는 화학 물질을 노출시키지 않았었음에도 태어난 90% 이상의 3세대 쥐들이 부모인 2세대 쥐들과 비슷한 양상을 보였다.

2014년에는 영국의 케임브리지대 Ferguson Smith 교수 연구 그룹

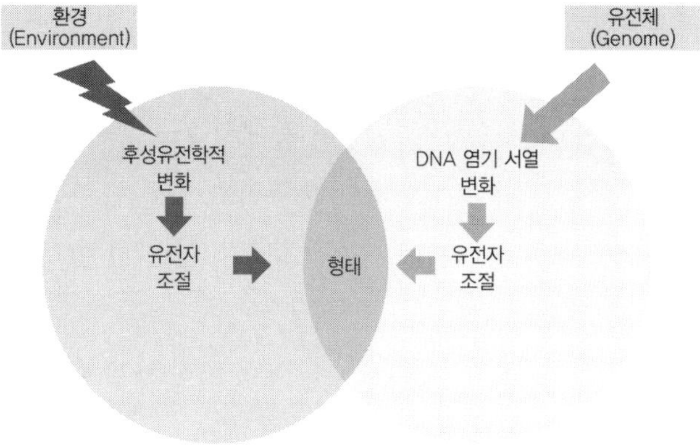

그림 13 유전학과 후성유전학의 비교

에서 생쥐를 대상으로 실험을 한 결과, 임신 중 자주 굶은 생쥐가 낳은 새끼 생쥐들은 당뇨병을 대부분 앓고 있었으며, 그들의 3세대 생쥐들도 마찬가지로 당뇨병의 발병 위험률이 높아진 것으로 나타났다. 이러한 결과들은 환경에 의한 영향으로 나타난 후성유전학적 변화가 여러 세대에 걸쳐 전달된다는 의미로, 과학자들은 그 원인을 DNA의 메틸화 때문이라고 예측하고 있다. 즉, 메틸기는 유전자의 발현을 억제하는 대사물질로서 역할을 한다고 밝혀졌다.

후성유전학에 대한 연구: 쌍둥이 실험

하나의 수정란이 2개로 동일하게 갈라져 생겨난 일란성 쌍둥이들은 생김새, 체형, 모든 면에서 모두 똑같다. 이에 영국 쌍둥이 연구소에서 1990년대부터 일란성 쌍둥이를 연구한 결과, 상당수가 우울증, 당뇨 등 서로 다른 질병을 앓고 있는 경우가 많다고 관찰되었다. 즉, 일란성 쌍둥이라도 자라서 독립된 사회적인 생활을 하면서 다른 방식으로 살아가므로 환경적으로 서로 전혀 다른 영향을 받을 수밖에 없고, 이 영향이 결과적으로 유전자에 변화를 일으켜 노화를 겪는 양상에도 차이가 발생한다. 실제로 일란성 쌍둥이 중에서 한 여성은 담배를 거의 매일 반갑 이상을 피어 30대임에도 불구하고 얼굴에 주름이 심해진 반면, 다른 쌍둥이 자매는 담배를 전혀 피우지 않아 그 양상이 극명하게 달랐다.

또한 캘리포니아에 사는 일란성 남성 쌍둥이의 경우 20대까지는 다른 사람들이 구분을 못할 정도로 정말로 외모나 체형이 동일해 보였다. 40년이 흐른 후에 형은 채식과 거의 매일 유산소 운동을 하며 식이요법을 하여 텔로미어 길이도 40대 수준으로 건강을 유지하고 있었다. 반면에 쌍둥이 동생은 패스트푸드를 좋아하고, 기름진 음식을 선호하고 운동을 하지 않아서 심근경색을 겪기도 하였다. 결국 둘의 모습은 쌍둥이라고 믿기 힘들 정도로 얼굴의 모습과 체형이 전혀 다른 사람으로 보였다. 즉, 태생적으로 보유한 유전자보다는 후천적으로 받아들이는 여러 가지 환경 요인들이 우리 생체 내에 더 큰 변화를 일으킨다는 것이다.

후성유전학과 바이오 화장품 마케팅

우리의 몸은 유기적으로 구성되어 있기에 하나의 특정 유전자가 크게 작용을 하여 노화 속도를 결정하지는 않을 것이다. 다만 여러 유전자가 복합적으로 작용하거나 환경 요인과 상호작용을 하는 과정에서 노화 속도의 정도에 영향을 줄 것으로 판단되고 있다.

따라서, 이런 후성유전학 이슈는 글로벌 화장품 회사의 연구개발에 있어서 큰 관심을 가질 수밖에 없다. 고객들에게 내재적인 유전자 외에

환경 요인이 더 중요함을 강조하고, 항노화 화장품의 지속적인 사용을 통해서 실제적인 피부 건강 회복 및 항노화 효과를 볼 수 있음을 설득할 수 있기 때문이다. 실제 후성유전학적 연구 기반의 여러 가지 글로벌 제품들이 출시되고 있으며, 이와 관련된 마케팅이 펼쳐 치고 있다.

06

우리의 일상을 지배하는 생체시계

생체시계와 우리의 건강

지구는 하루마다 자전하며 태양의 주위를 일 년 동안 공전하므로, 낮과 밤 및 사계절의 변화와 같은 역동적인 변화를 만들고 있다. 우리는 해가 뜨는 아침에 일어나고, 저녁까지 활동을 하고, 밤이 되면 하루의 피로가 몰려와서 다음날을 위해 잠을 자게 된다. 일어나 있는 시간에는 일반적으로 매일 정해진 시간에 세 끼 식사를 한다. 이런 규칙적인 생활방식에는 하루 단위의 생체리듬(circadian rhythm)이 존재한다. 이를 생체시계(biological clock)라고 한다.

21세기 현대인들은 야근, 교대 근무, 또는 불규칙한 식습관 등으로 인해 지속적으로 생체시계를 교란시키고 있다. 또한 PC와 스마트폰 같은 전자기 제품, 해외여행 및 출장 등에 의한 시차 등은 일반적인 수면-각성 주기에 교란을 일으키고, 더 악화되는 경우에는 수면장애나 각종 2차 질환을 겪기도 한다. 실제로 간호사 같은 교대 근무자들이나 해외를 오고 가는 항공 승무원처럼 생활이 불규칙한 사람들의 경우, 당뇨병이나 유방암 등의 발병률이 일반인에 비해 상당히 높다는 역학조사 보고도 있다. 2009년 세계보건기구에서도 생체리듬의 교란이 대사질환 발병 및 다양한 암 등의 주요 위험 요인이 될 수 있다고 제시하였다.

항상성과 시간생물학

미생물로부터 사람에 이르기까지 지구상의 모든 생명체는, 다양한 외적 환경의 변화에 발맞추어 시간에 맞는 행동을 하기 위해 진화적으로 생체시계 시스템을 발달시켜왔다. 물체의 크기, 모양, 소리, 빛의 밝기 등의 다양한 외부 조건에 따라 달라질 수 있지만, 이와 관계없이 우리 생체는 항상 같게 유지하려고 하는 경향, 즉 항상성이 있다. 우리 몸은 낮과 밤의 주기에 따라 규칙적인 생리적인 변화를 보여준다. 많은 연구를 통해서 시간생물학(chronobiology)은 생체 내에 많은 부분에 있어서 영향을 준다는 것이 밝혀졌다. 즉, 생체시계는 몸속 생리활성이 특정 시기에 발생하도록 해주며, 외부 환경의 변화를 예측 및 대비하도록 해준다.

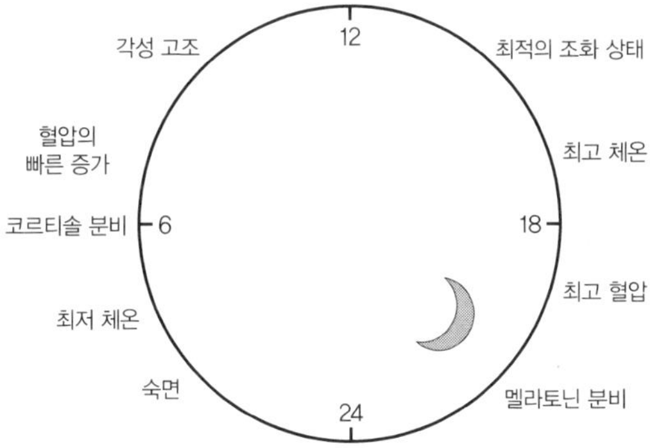

그림 14 인간의 24시간 주기 생리 변화

생체시계 연구의 역사

'생물체가 낮과 밤에 맞추어 반응을 한다'라고 하는, 즉 하루 주기의 생체시계가 우리 몸 안에 있을 것이라는 주장은 이미 18세기에 있었다. 그 당시 프랑스 학자인 Jean Jacques d'Ortous de Mairan는 빛이 없는 어두운 곳에 식물인 미모사를 계속 놓아두었는데, 미모사는 빛이 없음에도 불구하고 하루 단위로 잎의 개폐 운동을 한다는 것을 관찰했다. 즉, 미모사가 빛의 변화가 없어도 24시간 주기의 생체리듬을 따르는 생물학적 시계를 지니고 있음을 제시한다.

이후 연구자들은 생체시계 관련 유전자와 단백질들을 찾으려고 노력하였다. 그중 Seymour Benzer와 Ronald Konopka가 진행한 초파리에 대한 연구를 예로 들어 보자. 이들은 초파리가 이른 아침 시기에만 번데기에서 성충으로 탈피하는 특징을 관찰하였다. 따라서 초파리 유전자의 돌연변이를 유발하여, 이 리듬에 변화가 생긴 초파리들을 동정함으로써 시계 유전자(clock genes) 및 시계 단백질(clock proteins)에 의해서 생체시계가 진행된다는 사실을 규명하였다.

또 2017년 노벨 생리의학상의 수상자로 선정된 Jeffrey C. Hall, Micheal Rosbash, Michael W. Young 교수는 초파리 연구를 통해서 24시간 주기로 나타나는 낮과 밤의 일주기성 유전자들의 기전을 규명하였다. 즉, period(주기) 유전자라는 것이 있는데, 이 유전자에 의해 PER 단백질이 생성된다. PER 단백질의 생성이 증가하여 세포핵 바깥 세포질에 계속 축적되면 PER 단백질은 다른 효소와 결합한 후, 세포핵 안으로 들어가서 period 유전자의 발현을 억제한다. 즉, 생체시계의 주기는 PER 단백질의 농도의 높낮이 변화로 나타나는 분자적 진동 현상이라는 것이다.

생체시계와 생체리듬치료

이후에 안정성과 기능성을 조절하는 또 다른 단백질들이 지속적으로 발견되면서, 정교함과 동시에 세밀하게 조절되는 '생체시계'의 메커니즘이 규명되었다. 일주기 생체시계는 수면 패턴, 음식 섭취, 각종 호르몬 분비, 혈압과 체온의 변화에 영향을 끼치며, 생체시계 관련 단백질들이 포도당 생성, 인슐린 감수성(insulin sensitivity), 혈당의 주기적 변화를 조절해 대사과정에도 영향을 미친다.

이들 단백질의 기능 장애는 수면장애는 물론 일부 신경질환과도 연관되어 있는 것으로 밝혀졌다. 즉, 생체시계 리듬이 우리 생활방식과 서로 맞지 않을 때 암, 대사 장애, 퇴행성 신경질환, 염증 같은 질병들의 위험이 증가될 수 있다. 혈압은 밤에 떨어진 후 아침에는 20% 정도 상승하므로 심장마비와 뇌졸중이 이 시점에서 많이 일어난다고 한다. 반면에 가려움증이나 천식은 밤과 새벽에 심해진다고 한다. 그러므로, 혈압약이나 천식 치료제는 잠을 자기 전에 먹어야 효과가 있다. 이렇게 질병 종류에 따라서 투약 시간을 다르게 하는 것을 생체리듬치료(chronotherapy)라고 하며, 임상적으로도 시도되고 있다.

2008년에 독일에서 재미있는 연구를 하였는데, 아침 일찍 일어나는 아침형 인간 그룹과 거의 낮과 밤이 바뀐 생활을 하는 올빼미형 인간 그룹의 생체리듬을 비교해보았다. 두 그룹에서 각각 세포를 채취하여 생체리듬을 측정한 결과 올빼미형 인간들보다 아침형 인간들의 생체리듬 주기는 짧은 것으로 관찰되었으며, 올빼미형 인간들의 경우에는 생체리듬의 주기가 24시간보다 약 1시간 더 긴 것으로 관찰되었다. 즉, 아침형 인간들이 이른 아침에 일어나서 생활하는 것은 그렇게 생활하도록 생체시계 유전자 프로그램되어 있기 때문인 것으로 판단된다.

생체시계와 피부

피부세포인 각질형성세포, 멜라닌형성세포, 섬유아세포에도 독립적인 생체시계 시스템이 존재한다. 피부의 생체시계는 피부 생리활성을 조절한다. 증식 및 분화, 수분 손실, 수화(hydration), 피지 생성, 온도, 모세혈관의 혈류, pH 등이 일주기 리듬을 보인다. 예를 들어, 피부세포의 분화는 늦은 밤부터 이른 아침 사이에 일어나며, 자외선이 있는 낮 시간대에는 DNA 손상 보호 기전이 일어나고, 이어서 세포분열이 이루어진다고 관찰되었다. 이러한 과정들을 시간적으로 분리하면 각종 유해한 환경들 및 자외선으로부터 피부를 보호할 수 있다.

만약 리듬이 바뀌게 되면, 정확한 시간에 일어나야 하는 생리학적 반응이 일어나지 않게 되어 피부의 항상성이 위협받는다. 결과적으로 피부 노화를 촉진하게 되고, 피부암을 유발할 수도 있다. 즉, 피부 생체시계는 일주기 교란을 만드는 생활패턴에 의해서 파괴될 수 있다.

해외여행이나 출장을 가게 되면, 우리 뇌에 있는 생체시계에 교란이 일어나며, 피부 생체시계에도 영향을 준다. 이 때문에 해외 이동에 따른 시차증후군으로 피부트러블이 발생하기도 한다. 이때는 활동일 주기를 조절하는 호르몬인 멜라토닌(melatonin) 섭취를 통해 시차증후군을 완화할 수 있다. 그러나 혹시 모를 부작용으로 사용을 꺼리고 있어, 주로 멜라토닌 수용체를 타깃으로 하는 연구들을 활발하게 진행하고 있다. 이처럼 뇌의 생체시계의 활성 제어를 기반으로 하여 피부 생체시계를 제어할 수 있는 소재를 발굴 및 개발하고 있다.

생체시계를 중시하는 시간생물학(chronobiology)의 연구 성과를 코스메틱 브랜드가 반영한 사례로는 Estee Lauder에서 1980년대부터 출시하고 있는 나이트 리페어(소위 갈색병) 제품이 있다. 크로노룩스

(chronorux™)기술이라고 마케팅하며 지속적으로 기술을 업데이트하여 메가브랜드로서 전 세계적으로 사랑받고 있다.

07

세포의 기원: 줄기세포

인체는 난자와 정자 사이의 수정을 통해서 한 개의 수정란에서 발생을 시작하여 210여 가지의 다양한 세포로 구성되어 있다. 우리 몸의 세포 각각은 제한적으로 수명이 있으며, 지속적으로 죽고, 새로운 세포로 채워진다. 줄기세포는 각 생체 조직의 근간이 되는 세포로서 출생 후부터 우리 몸 각 조직의 특정 부위(예를 들면, 표피층에서는 기저층에 각질 줄기세포가 존재함)에 미량으로 존재하며, 인체의 생명활동에 필요한 세포를 만들어낸다. 줄기세포의 두 가지 큰 특징은 반복 분열하는 자가 생산(self-renewal) 능력과 특정 기능을 지닌 세포로 분화가 가능한 다분화 능력(multipotency)이다.

배아줄기세포와 성체줄기세포

줄기세포는 수정란으로부터 유래하는 배아줄기세포(embryonic stem cell)와 신체의 여러 종류의 조직에 존재하며, 특정한 조직의 세포로 분화되는 성체줄기세포(adult stem cells)로 크게 구분될 수 있다.

수정란이 성장할 때 약 2조 개의 세포가 생성되는데 배아줄기세포는 생체 내의 다양한 종류의 세포로 유도될 수 있는 전분화능(omni-potency) 줄기세포라고도 한다. 성체줄기세포의 경우, 치료가 필요한 환자로부터 직접 확보할 수 있기 때문에 배아줄기세포에 비해 윤리적인 문제에서 자유로우며, 환자 자신의 세포를 이용하므로 면역 거부반응을 최소화할 수 있다는 장점이 있다. 그러나 성체줄기세포는 일반적으로 특정 조직에 소량으로 존재하므로 분리해 내는 것이 쉽지 않다는 단점도 있다. 최근 연구에 따르면, 다른 조직의 세포로도 특정 조직에 있는 성체줄기세포가 분화할 수 있다고 규명되어 성체줄기세포를 이용하여 다양한 트러블을 개선 및 특정 질환을 치료할 수 있는 방법들을 연구하고 있다.

줄기세포 연구와 화장품으로의 활용

줄기세포 관련 화장품의 시작은 2007년 크리스챤 디올에서 각질형성 줄기세포(epidermal stem cells)를 기반으로 하여 출시한 Capture R60/80 XR 제품이다. 이후 글로벌 화장품 회사와 벤처 성격의 많은 기업이 다양한 줄기세포에 관한 연구들과 관련된 화장품들을 출시하였다. 피부 중심이므로 각질형성 줄기세포와 진피유래 줄기세포에 대한 연구를 진행한 후 이를 활성 하는 소재를 활용하거나 식물 유래 줄기세포를 소재로 하는 다양한 제품들이 출시되었다.

피부 줄기세포는 항노화와 피부 재생에 대해 기술적으로 활용될 수 있기 때문에 사람에게서 발견되는 피부 줄기세포도 지속적으로 연구되고 있다. 화장품으로의 적용은 크게 세 가지로 접근할 수 있다.

첫 번째, 인간 피부 줄기세포(각질형성 줄기세포, 진피유래 줄기세포, 피하지방유래 줄기세포 등)에 대한 기초 연구를 통해 이러한 피부 줄기세포를 활성화하는 식물성 소재를 확보하는 것이다. 두 번째, 안전성을 담보하기 위하여 식물 줄기세포를 활용하여 피부 항노화를 제시하는 것이다. 세 번째, 인간 피부 줄기세포에서 분비하는 동물성 인자로서, 주변세포를 이롭게 하는 인자(주로 성장인자)들을 유전공학적 기술을 통해서 대량 생산하여 소재를 확보하는 것이다.

특히, 첫 번째와 두 번째 방법은 나고야 의정서에 따라서 국내에서 자생하는 식물 들을 적극적으로 이용할 수 있다는 장점이 있다. 이 중에서 특히 식물의 다양한 기관의 조직인 종자, 줄기, 뿌리 등의 생장점을 추출한 후에 배양함으로써, 식물의 성장을 돕는 성분들을 포함한 배양액 또는 추출물을 화장품의 원료로 사용할 수 있다. 책 뒷부분에서 다시 다루겠지만, 캘러스가 줄기, 잎이나 꽃 등으로 분화되는 과정에서 분비되는 각종 식물성 아미노산, 펩타이드 성분, 그리고, 2차 대사 산물들이 포함되므로, 이를 적극적으로 원료로 사용하는 제품들이 나타났다. 첨단 기술을 상대적으로 빠르게 화장품에 적용하는 유럽에서는 동물유래 줄기세포에 대한 안전성 기준이 엄격하므로, 주로 식물 줄기세포 소재를 중심으로 제품에 적용하여 왔다.

안전기준에 적합한 배양액만 사용 가능한 국내 줄기세포 화장품

바이오 화장품에 줄기세포 배양액을 소재로 사용하기도 한다. 이는 줄기세포를 배양하는 과정에서 줄기세포를 안정적으로 제거한 후 확보된 배양액을 의미하는 것이다. 이 배양액 속에는 줄기세포에서 분비하는 다양한 성장인자 등이 함유되어 있어서 주름 개선, 미백, 보습, 피부 장벽 강화, 노화 방지와 같은 스킨 케어에 탁월한 효과를 보인다는 명목으로 출시되고 있다.

줄기세포가 주목받음에 따라, 줄기세포 화장품을 의약품으로 오인할 수 있도록 허위, 과대광고하여 판매한 업체 56곳이 식품의약품안전처(식약처)에 의해 적발되기도 했다. 식약처에서는 「화장품 안전기준 등에 관한 규정」을 마련하여 인체 세포 조직 및 그 배양액(다만, 배양액 중 인체 세포 조직 배양액 안전 기준에 적합한 경우는 제외)은 화장품 원료로 사용할 수 없다고 고지하고 있는데, 이들 업체는 온라인 사이트에서 줄기세포 관련 제품을 판매하면서 해당 사안을 위반한 것으로 확인됐다.

적발된 핵심 위반내용은 피부 조직 및 세포 재생, 줄기세포 함유, 조직 및 상처 치유 등 의학적 효능과 효과를 표방해 의약품으로 고객들이 오인하게 할 우려가 있도록 광고를 한 점이다. 적발된 업체들의 제품들은 배양액을 함유한 제품이나, 광고 내용 또는 제품명에 '줄기세포 화장품' 등으로 표시를 하여, 화장품 원료에는 절대로 사용할 수 없는 인체 줄기세포가 포함되어 있는 것으로 고객들이 착각할 수 있게 만들었다. 또한 피부 조직 및 세포 재생, 세포 성장과 세포 사멸 억제, 손상된 조직 및 상처 치유, 여드름 및 기미, 홍조 치료 등 의학적 효과를 제시함으로써 의약품으로 오인할 수 있도록 광고한 점도 문제점으로 지적받았다.

08

세포 스스로를 보호하는 자가포식

세포 내 소기관의 수명이 다하거나, 단백질의 기능이 망가지거나 저해되면, 세포는 이들을 스스로 분해하여 새로운 영양소로 재활용하거나 비정상적인 단백질을 제거함으로써 세포 스스로 보호하는 방어 작용을 한다. 이를 세포의 자가포식(autophagy)라고 한다.

2016년 노벨생리의학상은 이 자가포식의 생물학적 현상을 규명한 공로로 Yoshinori Ohsumi 교수에게 주어졌다. 자가포식 현상 자체는 1970년대에 발견해 이미 학계에 보고되었지만, Ohsumi 교수 연구진은 세포 내에서 자가포식 현상이 일어나는 모습을 처음 관찰하였고, 자가포식에 대한 메커니즘을 규명하여 큰 성과를 이루었다.

세포의 청소활동인 자가포식

신체 내 영양분이 부족하거나 외부에서 세균 또는 바이러스 등이 침입하게 되면 세포는 스트레스를 받는다. 이때 세포는 생존을 위하여

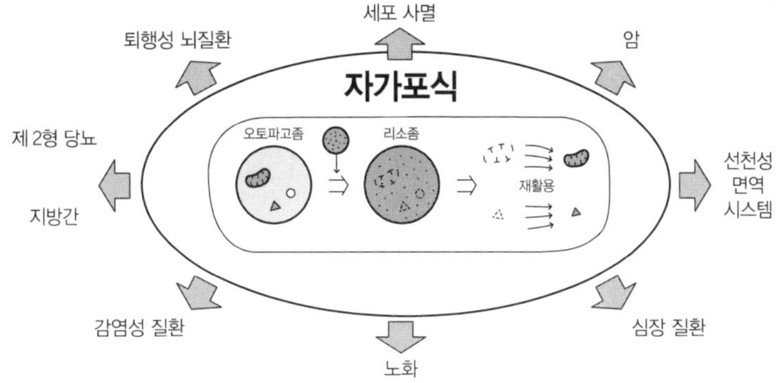

그림 15 자가포식(Autophagy)의 다양한 질환과의 관계

단백질을 재활용하는 등의 방법으로 자신을 보호하려고 노력한다. 만약 이러한 자가포식 기능이 세포에서 제대로 일어나지 못하면 다양한 문제가 생긴다. 자가포식이라는 청소 과정을 제대로 하지 않으면 암이나 당뇨병, 치매 같은 각종 질환이 유발할 수 있다는 것이다.

세포 내에서 일어나는 자가포식의 원리는 다음과 같다. 먼저 손상된 세포 소기관(미토콘드리아 등)이나 제대로 기능하지 않는 단백질들이 특정 이중 막인 오토파고좀(autophagosome)에 둘러싸인다. 이후 이 오토파고좀은 분해 효소들이 포함되어 있는 리소좀(lysosome)과 합쳐진다. 최종적으로 손상된 세포 소기관이나 단백질들이 분해되며, 아미노산 등으로 분해된 물질들은 새로운 세포 소기관 또는 단백질을 합성하는 데 재활용된다.

자가포식을 이용한 화장품

이러한 자기포식의 원리를 이용한 화장품도 개발되고 있다. 최근의 사례를 살펴보자면 2020년, ㈜네오팜이 독자적인 기술로 개발한 'Dualguard-7™'이 식약처로부터 비고시 미백 기능성 화장품 소재로 허가를 획득한 것이 그 예이다. 'Dualguard-7™'은 피부 각질형성세포에 전달된 멜라닌을 자가포식 활성화를 통해 분해하는 원리를 활용한 신개념 원료라고 한다. 비고시 미백 기능성 허가를 자가포식 작용을 활용하여 받은 것은 국내 최초이며 기존 미백 원료와는 다르게 멜라닌형성세포에는 영향을 주지 않으므로 백반증과 같은 부작용의 우려가 없다는 것이 장점이라고 설명하였다.

이외에도 자가포식의 원리를 활용하여 신규 소재를 발굴하는 화장품 소재 전문기업인 ㈜인코스팜이 주력 원료로 heptasodium hexacarboxymethyl dipeptide-12(아쿠아타이드™, Aquatide)와 '하이브리드 펩타이드 바이오'를 발굴 및 개발하였다. 항노화 바이오 마커인 SIRT1 활성제인 새로운 합성 물질인 아쿠아타이드™를 이용한 자가포식 활성화가 자외선 조사에 의한 피부 노화를 억제하는지 조사하였다. 아쿠아타이드™를 처리한 결과, SIRT1을 직접 활성화시키고 배양된 인간 진피 섬유아세포에서 자가포식을 활성화시켰으며, FOXO1의 탈아세틸화를 통해 자가포식을 증가시킨다는 것을 규명하였다. 자외선 조사에 의해 유도된 세포 노화가 아쿠아타이드™에 의해 현저하게 감소되었음을 밝혀냈다.

09

신개념의 항노화 접근 방법: 세놀리틱스와 역노화

나이가 들수록 신체의 기능은 저하되며, 일상생활에서 다양한 내외적 스트레스에 제대로 반응하지 못하는 상태가 된다. 이와 함께 고혈압, 당뇨, 고지혈증 같은 성인병 및 각종 만성 질환을 겪는다. 사람이 늙는 이유는 세포가 노화를 겪기 때문이다. 세포는 일반적으로 무한정이 아닌 40~50번 정도로만 세포 분열을 한 후, 더 이상 분열을 하지 못하는 노화세포가 된다.

노화세포와 노화

노화된 세포는 죽음을 겪지 않고, 남아있게 된다. 노화세포는 분열을 하지 못하므로 돌연변이가 발생할지라도 암이 유발되지는 않는다. 그러나 노화된 세포가 우리 몸 안에서 아무런 기능이 없이 '좀비'처럼 존재하게 되면, 각종 염증반응이 나타날 수 있다. 그 염증 인자는 Senescence-Associated Secretory Phenotype(SASP)이라고 부르는 단백질인데, 이들은 염증을 일으켜서 면역세포 중의 하나인 대식세포를 끌어들여 자기 몸을 공격하게 만든다. 이런 증상이 지속되게 되면 만성 염증으로 악화되고, 다발성 경화증, 염증성 창자병, 건선, 심장병, 당뇨병, 치매 증상을 악화시킬 수 있다.

모든 인간이 동일한 속도로 노화되는 것은 아니며, 일부 노인은 질병에 걸리기 쉬운 반면, 다른 사람들은 그렇지 않다. 이러한 결과의 차이는 사람의 면역 체계가 약화되는 속도의 차이 때문인 것으로 보고 있다. 외부 병원체 침입을 차단하는 역할을 하는 우리 몸의 면역 체계는 일반적으로 병원체에 대해서 국소적이고 단기적인 염증반응을 나타낸다. 그러나 전신에 걸쳐 만성적으로 일어나는 나쁜 염증도 있으며, 만성적인 염증과 질병 사이에 상관관계가 있다고 연구되고 있다.

노화세포의 사멸을 피하다

2011년 James L. Kirkland 연구 그룹은 노화 연구와 관련해서 매우 흥미로운 연구 결과를 발표하였다. 노화된 세포를 제거했을 때 노화와 관련된 질환을 예방할 수 있는 것을 증명한 것이다. 연구팀은 기존에 축적된 연구들로부터 노화세포들이 세포사멸(apoptosis)같이 세포 자신을 죽게 만드는 생체 프로그램에 저항하는 것을 발견하였다. 노화세포는 생존-촉진하는 네트워크(pro-survival networks)를 마련하여 세포사멸에 저항할 수 있다.

이 발견을 기준으로 두 가지 성분인 항암제 dasatinib과 소염제로 사용되는 quercetin을 후보 물질로서 발굴하였다. dasatinib은 필라델피아 염색체 양성 만성 골수성 백혈병의 핵심 단백질 BCR-ABL을 제어하여 종양 세포의 증식을 억제하는 효과를 보였다. quercetin의 경우는 양파 껍질이나 크랜베리를 포함하는 각종 과일과 채소에서 흔하게 발견이 되는 천연 항산화제다.

In vitro 세포 실험에서 dasatinib은 노화된 지방 전구세포(pre-adipocytes)를 제거하는 데 효과적이었으며, quercetin은 노화된 상피세포와 골수 줄기세포를 없애는 데 효과적인 능력을 보였다. 이 두 물질의 조합은 큰 시너지 효과를 일으키며 노화된 세포들의 사멸을 유도하여, 더욱 효과적으로 노화가 촉진되는 것을 차단하였다. 이 두 물질의 조합으로 노화가 된 생쥐에서 노화된 세포를 제거한 결과, 노화된 세포를 모두 보유하는 음성 대조군인 생쥐 대비 상대적으로 근육이 더 강해졌고, 백내장이 더 적었으며, 피부의 주름도 현저히 줄어들었다.

세놀리틱스의 시작

이 획기적인 연구를 통해서 노화를 의미하는 'senescence'와 분해를 의미하는 'lytic'을 합성해 노화를 지연시킬 새로운 물질을 세놀리틱스(senolytics)라고 명명하였다. 이러한 물질들은 건강수명(health span)을 연장시키거나, 노화와 연관된 질병을 지연 또는 치료하는 데 기여할 것으로 예측하고 있다. 최근에는 구글도 이러한 연구의 일환으로 자회사인 Calico를 설립하였다. Calico는 헬스케어 기업으로, 이들의 사업 목표는 항노화를 연구하고 인류의 생명 연장을 위해 노화를 적극적으로 연구하여 정복하는 것이다.

피부노화와 관련하여서도 유사한 결과들이 도출되고 있다. 자외선에 인해 색소가 침착된 피부에서 선택적으로 노화세포를 제거하자, 미백 효능을 보인다는 연구 결과가 최근 발표되었다. 즉, 광노화로 인해 색소가 침착된 피부에 노화세포만 선택적으로 제거하는 약물인 ABT263을 개발한 것이다. 이 약물을 이용하여 피부색소 침착이 약 50% 정도 호전되는 것을 확인함으로써 피부 미백효과를 확보할 수 있음이 증명되었다.

세포의 재생 능력을 복원하는 역노화

현재 고령화로 인한 국내의 사회적 비용은 급증하는 추세이다. 국민건강보험공단의 발표에 따르면 2020년에 65세 이상 인구가 약 15.4%를 초과하였으며, 65세 이상 인구의 진료비는 약 37조 6135억 원으로 불과 4년 만에 약 10조가량 증가하였다고 한다. 이에 대한 근본적인 대책을 마련하기 위해 한국생명공학연구원은 2023년에 플랫폼/그린/레드/화이트 바이오 등 4개 분야로 크게 나눠 10대 바이오 미래 유망 기술을 발표하였다.

이 중에서 플랫폼 바이오에는 세포 역노화(reverse aging) 기술이 포함되었다. 세포 역노화 기술은 세포의 리프로그래밍(reprogramming)을 통해 세포의 재생 능력을 복원하는 의미의 기술로, 향후 전 세계적으로 진행되고 있는 초고령화 시대에 필요한 핵심 기술로서 전망되고 있다. 노화는 시간의 흐름에 따라 대내외적 스트레스에 의해서 DNA의 손상이 축적되고, 결과적으로는 생존과 생식력에 필요한 다양한 생리적 기능들이 저하되는 상태를 의미하는 자연스러운 생명 현상이다. 노화가 진행되면 다양한 각종 퇴행성 질환이 유발되는데, 이 역노화 기술은 이러한 노화된 세포를 다시 젊게 회복시킬 수 있는 기술이다.

역노화 기술 연구 사례

그동안 잘 알려진 대표적인 역노화 기술은 이미 분화된 세포를 역분화시키는 방법이었다. 2012년에 노벨상을 수상한 교토대 Shinya Yamanaka 교수 연구 그룹이 밝힌 4가지 전사 인자(Oct4, Sox2, Klf4, c-Myc)를 세포에 반영하였을 경우에 리프로그래밍하는 특성을 보였다. 이 4가지 전사인자는 노화된 세포를 젊은 상태로 회복시킬 수 있음을 보여줌으로써, 노화에 대한 새로운 패러다임을 제시한 획기적인 기술이다. 다만 낮은 효율이 문제였고, 유전자 전달에 따른 부작용을 가져올 우려가 있어서 개선할 필요가 있었다.

2023년 1월에 미국 하버드대학교 의과대학의 David Sinclair연구팀은 세계적인 학술지인 셀(Cell)에 포유류 노화의 원인으로 후성 유전체가 노화의 원인 중 하나이며, 야마나카 인자(Yamanaka factor)의 도입을 통해 역노화가 일어날 수 있음을 증명하였다. 영국 케임브리지대학 연구소는 50대 성인의 피부세포를 활용하여 부분 리프로그래밍(partial reprogramming)을 시도하여, 20대 피부 세포 수준으로 회복시키는 데 성공했다. 구글의 자회사인 캘리코 라이프 사이언스(Calico Life Science LLC) 연구팀도 노화된 세포에서 부분 리프로그래밍 기술을 활용하여 젊은 유전자를 발현시키는 데 성공했다.

국내의 역노화 기술 성과

국내에서도 두 가지 중요한 역노화 기술에 대한 성과가 발표되었다. 2019년에 성균관대학교 의과대학 연구팀은 손상이나 노화로 인해 감소된 근육을 회복시킬 수 있음을 발표 하였는데, 세포 신호를 조절하는 저분자 물질들의 조합을 활용하여 섬유아세포를 근육세포로 리프로그래밍 시키는 기술을 증명하였다.

2020년에는 한국과학기술원(KAIST)과 아모레퍼시픽 기술연구원 연구팀이 공동으로, 노화된 인간의 진피 유래 섬유아세포를 젊은 세포로 되돌리는 새로운 원천 기술을 발굴하였다. 시스템생물학의 일환으로 세포 노화 신호전달 네트워크에 대한 컴퓨터 모델을 개발하고, 시뮬레이션 분석을 하여, 젊은 세포로 되돌리는 데 필요한 핵심 바이오마커로 3-Phosphoinositide Dependent Protein Kinase(PDK1)를 찾아낸 것이다. 이 PDK1은 노화와 관련된 표현형을 유발하는 단백질로, 이 효소의 활성을 억제한 결과 젊은 세포로 회복되는 것을 규명하였다.

후속 연구로 아모레퍼시픽 기술연구원이 피부 역노화의 핵심 바이오마커인 PDK1 효소를 억제하는 효과가 있는 소재도 발굴하였다. 동백씨앗에서 친환경 공법으로 추출한 레드 플라보노이드(RED Flavonoid)를 소재화에 성공하고 피부 역노화 효과를 확인하였으며, 임상시험에서 좋은 결과를 얻었다고 발표하였다. 아모레퍼시픽은 이 기술 개발에 관해서 '화장품 소재로의 동백 바이오 플라보노이드 개발 기술'이라는 연구 주제로 보건산업진흥원의 보건신기술(New Excellent Technology) 인증을 획득하기도 했다.

시간을 되돌리는 기술은 이론에만 머무르지 않고, 기존의 노화 예방, 지연, 방지를 뛰어넘고 있다. "벤자민 버튼의 시간은 거꾸로 간다"는 영화와 같이, 세포 역노화 기술은 세포 노화로 인해 생겨나는 퇴행성 질환을 근본적으로 치료가 가능하도록 해주어, 결과적으로는 건강한 수명의 연장과 노년에서의 삶의 질을 개선 시킬 것으로 판단된다.

3장

바이오 화장품의 솔루션 소재와 스토리텔링

01

나고야 의정서에 따른 국내 천연물 개발의 필요성

1993년 발효된 생물다양성협약은 각국이 생물자원에 대하여 주권적 권리를 확보하고 있음을 확인한 것이다. 이 협약의 목적은, 첫째로 생물다양성의 보존이며, 둘째로 지속 가능한 생물다양성 요소의 활용이고, 셋째는 유전자원의 이용으로부터 발생하는 이익의 공정하고 공평한 공유이다.

나고야 의정서가 국내 화장품 산업에 끼친 영향

생물다양성협약의 세 번째 목적을 달성하기 위해 협약한 결과가 2010년에 채택된 나고야 의정서이다. 2014년 10월 나고야 의정서가 발효됨에 따라, 타국의 유전자원을 이용하기 위해 해당 유전자원에 접근하려면 그 해당 국가의 사전 통고 승인을 받아야 한다. 또한 상호합의 조건을 바탕으로, 기업은 해당 국가와 유전자원으로부터 발생하는 이

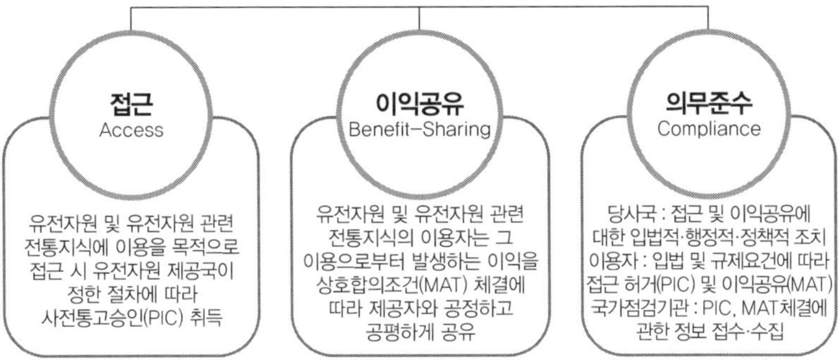

그림 16 ABS의 구성요소. 출처: 국립생물자원관 홈페이지

익을 공정하고 공평하게 공유해야 한다.

국내 소재 산업 특히 화장품 산업은 해외에 그 소재를 의존하는 경우가 많았는데, 이 나고야 의정서가 발효되면서 국내 자생 식물 등의 연구에 대한 정부의 지원이 큰 폭으로 증대되었다. 이에 발맞춰서 각 기업도 자생 식물에 대한 기초 효능부터 제형 개발까지 지속적으로 연구하기 시작했으며, 국내산 생물자원을 적극적으로 이용하고 있다. 이런 기조는 최근 건강에 관한 관심이 증가하는 사회 문화적 트렌드, 웰빙 트렌드, 인구 고령화의 가속화와 맞물려서 증대되고 있다.

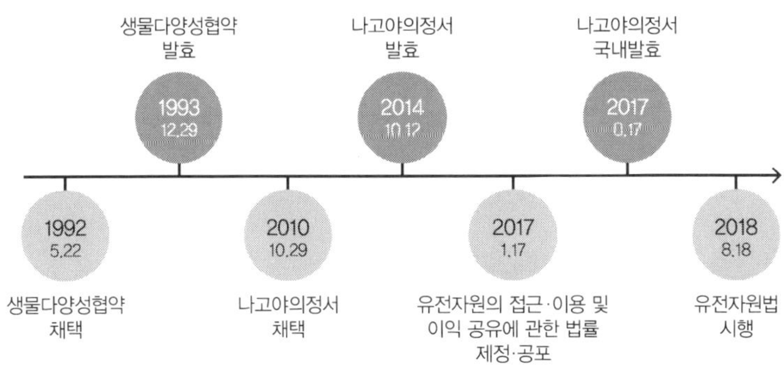

그림 17 나고야 의정서 채택 경과

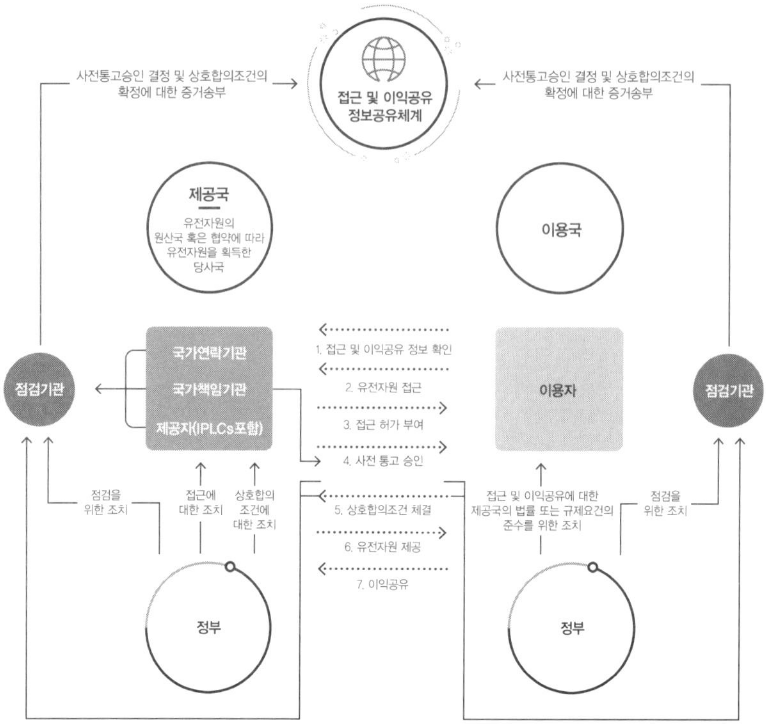

그림 18 유전자원의 접근 및 이익 공유 과정

경쟁력 있는 천연 자생 식물 소재를 갖추려면

이렇게 국내 천연 자생 식물 유래 소재를 확보하는 과정에서 필요한 소재 경쟁력을 갖추기 위해서는 다음과 같은 조건들이 필요하다.

첫째, 궁극적으로는 바이오 화장품을 출시하여야 하므로 국내 천연 원료의 대량 생산을 통한 핵심 원료 확보가 용이해야 한다. 아무리 좋은 효능을 가지고 있는 천연물 소재일지라도 희귀한 소재라면 활용하기 어렵기 때문이다.

둘째, 소재에 대한 표준화를 진행해야 한다. 같은 종의 식물이더라도 줄기, 잎, 뿌리 등 부위별로 효능이 다를 수 있고, 계절, 일조량, 강수량 등에 따라서 효험이 다를 수 있어 수확 시기도 고려해야 한다. 그 외에도 추출 과정에 따른 공정 과정도 일정하게 유지해야 한다. 이러한 표준화 과정을 통해서 바이오 화장품의 품질을 유지할 수 있고, 고객들의 신뢰를 유지할 수 있기 때문이다.

셋째, 천연물 소재의 피부과학적 효능이 중요하다. 최근 광고실증제 도입에 따라서 이에 대한 중요성이 더욱 부각되고 있으며, 이와 아울러서 천연물 소재의 임상적으로 안전성이 확보되어야 한다.

넷째, 아무리 좋은 효능 소재일지라도 제형에 잘 담지해야 한다. 바이오 화장품의 핵심 소재 입자의 크기는 500 달턴(Dalton) 이하이다. 일반적으로 크기가 작기 때문에 피부에 흡수가 잘 되지만, 그보다 큰 경우에는 피부를 투과하는 데 어려울 수밖에 없다. 이를 위해서 리포좀 같은 다양한 제형들이 개발되어 피부 흡수율을 높이는 방향으로 개선되고 있다.

02

스토리텔링 -고객들을 사로잡는 이야기-

스토리텔링은 화장품 산업에서도 매우 중요한 요소로 자리 잡고 있다. 화장품의 특성을 객관적으로 설명만 하는 것이 아니라, 스토리텔링을 통해 고객들이 화장품에 관심을 가질 만한 이야기를 도입하여 몰입과 재미를 불러일으킬 수 있다. 이를 통해 고객들이 제품과 브랜드에 신뢰를 가질 수 있으며, 보다 즐거운 소비를 경험할 수 있도록 유도한다. 일종의 감성 지향적 마케팅 활동이라고 할 수 있는 것이다.

현재 화장품 업계는 프리미엄 성분을 확보하고자 전쟁 중이라고 할 수 있다. 최근 국내 화장품 산업에서는 제품의 효능 품질과 프리미엄 가치를 강조할 목적으로 제품의 전성분 공개는 물론, 전성분의 숫자, 해당 프리미엄 성분을 내세우는 마케팅을 선보이고 있다. 구하기 힘든 희귀 원료 또는 기능적으로 안전하고 우수한 성분의 원료를 얻기 위해 높은 단가의 프리미엄 원료를 제시하고, 해당 원료를 특정 브랜드의 핵심 성분으로 부각하여 브랜드의 가치와 이미지를 향상시키고 있다.

SK-II 피테라 에센스의 사케 스토리텔링

프리미엄 소재를 강조하는 화장품 스토리텔링에는 흥미로운 천연물 소재, 피부과학적 효능, 기술적 콘셉트가 꼭 필요하다고 할 수 있다. 스토리텔링 마케팅의 성공적인 예로는 SK-II 피테라 에센스를 들 수 있다.

SK-II 피테라 에센스는 나이를 지긋이 먹은 양조장의 술을 빚는 조주사들의 손이 어린아이 손처럼 곱다는 사실에 착안해 일본 사케 스토리를 만들었다. 먼저 실제로 사케를 만드는 데 필요한 효모로부터 핵심 소재를 발굴하여 Pitera™ 라고 명명하였다. 그리고 조주사의 손과 얼굴의 차이를 보여주는 비교 콘셉트로 화장품의 구매에 대한 매력도를 높였다. 이는 사케라는 독특한 소재 배경과 어우러져 소비자의 구매 욕구를 자극했을 것이다. 이처럼 스토리텔링은 고객에게 흥미로운 스토리를 들려주고 구매를 하게 하는 것이라고 할 수 있다.

브랜드 스토리텔링과 친환경 마케팅

브랜드 스토링텔링의 요소는 브랜드명, 브랜드 미션, 숫자, 기호(로고) 등이다. 스토리를 수차례 접한 고객들은 브랜드를 생각할 때 그 스토리를 함께 떠올리게 된다. 이는 소비자를 끌어당길 수 있는 강한 자석이 된다. 기업 이미지 관리 측면에서도 브랜드 스토리텔링이 의미가 있다.

또한, 최근 웰빙과 친환경을 추구하는 소비자들의 트렌드로 인해 화장품 업계에서도 친환경 제품에 주목하고 있다. 친환경 트렌드에 따라 등장한 것이 천연 성분이다. 기존의 고객들은 화장품 자체의 기능으로 색이나 발림성, 사용감 등에 대해서만 고려했다. 그러던 것이 최근에는 체크슈머(check+consumer)라고 하여 제품 구매 시에 원재료 및 핵심 성분 등을 세밀하게 확인하거나, 제품의 성분까지 직접 확인하고 구입하는 고객들이 나타나고 있다. 이에 따라 화장품 업계에서는 성분을 중요시하는 자연 친화적인 화장품 브랜드를 출시하거나, 친환경 제품으로 마케팅하기도 하는 등 소비자들의 필요(needs)를 만족하려고 노력하고 있다.

네이밍 마케팅의 중요성

브랜드가 주장하는 철학과 콘셉트를 고객들에게 스토리로 설득함으로써, 소비자들은 브랜드에 대해 확신을 갖고 믿음을 유지하게 되며, 궁극적으로는 매출 증대에 도달할 수 있다. 최근에는 제품명이 화장품 마케팅의 성공 요소 중 하나가 되기도 한다. 스킨, 로션, 에센스, 크림, 메이크업 제품까지 다양한 유형의 화장품들과 브랜드가 너무 많아지고 있기 때문에 일단 제품명으로 고객의 이목을 먼저 사로잡아야 구매로 이끌고, 제품의 효능을 강조해야 인정받을 수 있기 때문이다. 네이밍 마케팅은 고객들의 브랜드 인지도 및 충성도를 향상시키는 효과가 있으며, 네이밍 마케팅의 성공을 위해서는 이름과 제품이 일치하고 고객들이 이해하거나 각인되기 쉬운 이름이거나 마케팅 활동에 용이한지도 고려해봐야 한다.

신뢰를 기반으로 한 스토리텔링: 키엘

키엘(KIEHL'S) 화장품 브랜드는 약국을 운영하기 시작하면서부터 고객들의 신뢰를 쌓았다. 이 브랜드는 1894년 뉴욕의 이스트 빌리지에서 John Kiehl이 개업한 키엘 약국에서 시작했다. 그는 약학 지식과 자연성분에 대한 관심을 기반으로 하여 천연 허브 성분만을 사용하여 토닉, 연고 등을 제조하였고, 판매하여 널리 알렸다. 특히, 민감한 피부가 고민이었던 고객들은 순하면서도 우수한 효능을 가진 키엘 약국의 처방 제품에 매우 만족하였다. 더 나아가 다른 나라의 식물들에서 추출한 다양한 소재들을 제조하여 키엘의 제품 제조 기틀을 마련하여 천연 화장품의 역사를 만들어갔다.

키엘은 지속적으로 천연 성분을 찾으며, 최소 방부제를 사용하는 등의 노력을 기울여서 화장품을 제조하고 있다. 키엘의 매장에는 여전히 약사 가운을 입은 직원들을 만날 수 있는데, 이들은 수십 종의 제품 중에서 고객의 피부 유형과 문제점에 적합한 제품을 추천한다. 이는 약국에서 출발한 기업의 정체성을 유지하기 위해, 약사가 환자에게 약을 처방하는 모습을 연상시키도록 하여 고객들에게 신뢰감을 주고 있다.

원료의 특성을 마케팅 요소로: 록시땅

록시땅(loccitane)이란 브랜드는 프랑스 남부 프로방스(Provence) 지방의 청명한 하늘, 한적하고 여유로운 분위기, 넓은 들판의 이미지를 담은 브랜드이다. 이 브랜드는 프로방스에서 어린 시절을 보낸 Olivicr Baussan이 1976년에 설립한 작은 비누 공장에서 출발했다. 그러면서 고대 프랑스 남부 전역을 일컫는 말이었던 '옥시타니아(Occitanaia)' 지방에서 여자를 의미하는 단어인 록시땅이 브랜드의 이름이 되었다.

록시땅은 원료 대부분을 프로방스와 유럽 지방에서 자라는 천연 소재에서 따와서 제품을 출시해오고 있다. 이렇게 록시땅은 프로방스 지역을 기반으로 하는 제품들을 고객에게 선보이며 브랜드 가치를 알리고 있다. 록시땅 제품들의 특징은 원료의 이름이 적혀 있다는 점인데, 천연 원료들을 담아서 원료의 이름을 제품에 넣었다. 이와 아울러서 각 천연물 원료마다 가지고 있는 이야기들을 제품에 반영하는 브랜드 철학을 가지고 있다.

국내 화장품 업계의 스토리텔링 마케팅: 아모레퍼시픽

㈜아모레퍼시픽이 글로벌 시장을 겨냥해 미국 뉴욕의 소호 거리에 프리미엄 브랜드 중 하나인 아모레퍼시픽 플래그십 매장(뷰티 갤러리&스파)을 열었다. 이곳에서는 첫물 녹차 이야기가 스크린을 통해 상영되는데, 매장 인테리어도 녹차의 이미지를 활용하였다. 1980년대에 제주도에 100만 평의 녹차밭을 일군 역사를 기반으로, 화산 활동으로 만들어진 제주 현무암 기반 토양, 화산 암반수의 효능도 제시하고 있다.

일 년 중 특정 시간에만 고귀한 성분을 얻을 수 있는 첫물 녹차는 4월 중순, 청명과 곡우 사이에만 소량 수확하는 것을 강조한다. 또한 주름 개선 리프팅 제품의 핵심 원료로서 6년근 홍삼을 강조하였는데, 홍삼의 효능을 기반으로 만든 화장품의 기술력을 설명하며 고려 인삼을 중국에 내다 판 개성 상인의 스토리를 활용해 고객의 감성과 호기심을 자극하였다.

이니스프리 브랜드는 "깨끗한 제주를 담다"라는 슬로건 아래 제주의 자연주의 화장품임을 강조하고 있다. 이를 위해 여러 가지 마케팅 정책을 펼치는 것 중의 하나가 바로 이니스프리 제주하우스이다. 제주도의 천연 소재들을 사용하여 자신들의 브랜드와 제품을 출시하는 차원에서 제주도에 브랜드 체험관을 두었다고 판단할 수 있다.

현재 중국의 화장품 시장은 빠른 속도로 급성장하고 있다. 중국의 로컬 브랜드가 경쟁력을 높여 가고 있는데, 특히 중국 MZ세대들에 의해서 저가 시장에서 높은 점유율을 보이고 있다. 반면 국내 화장품 시장은 출산율 감소 등의 어려운 현실을 맞이하고 있다. 이런 현실을 타개하기 위해서는 새로운 천연물 소재에 대한 발굴과 아울러, 스토리텔링이 갖춰진 성분이 함유된 신제품을 개발하고, 이를 통해 K-드라마나 K-팝과 같이 K-화장품의 브랜드 가치를 재고해야 할 것이다.

03

선조들의 전통에서 찾는 소재들의 현대과학화

세안제로 사용된 팥과 녹두

우리의 선조들은 천연 재료로부터 다양한 전통 소재를 사용하여 미를 가꾸어 왔다. 가장 대표적인 것으로는 세안제로 사용되던 팥과 녹두이다. 동국세시기(東國歲時記)에 따르면, 팥가루로 세수하면 얼굴의 미백에 도움이 된다는 내용이 있다. 그러면서 왕실과 궁녀들도 애용하던 세안제로서 팥의 효능을 언급하고 있다.

동의보감(東醫寶鑑)에는 얼굴에 생긴 부스럼, 검버섯, 검정 사마귀 등을 치료하는 처방으로 옥용서시산(玉容西施散)을 언급하고 있다. 여기서 주성분으로 녹두를 지속적으로 사용하면, 얼굴에 나타난 잡티 등이 사라진다고 한다. 사실 이들 팥과 녹두에는 사포닌 성분이 다수 함유되어 있는데, 사포닌이 계면활성제 역할을 하여 세정 역할이 용이해진 것이다.

역사적인 미안수 제조법

피부의 모습과 윤기에 도움을 주는 미안수로 활용된 식물들로는 수세미 덩굴, 오이, 복숭아 잎, 유자, 수박, 토마토, 당귀, 박, 창포 등이 있다. 음력 8월 보름경에 이 식물들의 줄기를 절단한 후에 빈 병에 뿌리쪽 부분을 며칠 동안 꽂아 두면, 뿌리에서 모세관 현상을 통해서 물이 병에 차게 되어 이 미안수를 바르고 화장을 시작했다고 한다.

면지법의 과학: 바르는 팩의 원조

달걀, 우유, 젖, 말, 벌집에서 채취한 밀랍 등도 크림 같은 종류로 만들어 사용하였는데, 이를 면지법(面脂法)이라고 한다. 건조한 겨울철에 얼굴이 거칠고 트는데, 이때 달걀 3개 정도를 술에 담근 뒤 김이 새지 않도록 두껍게 봉하여서 사나흘 정도 두었다가 얼굴에 발랐다. 그렇게 하면 트지 않을 뿐만 아니라 윤기가 흐르고, 옥 같은 피부를 갖게 된다고 하여 사용하였다. 이때 달걀의 비린내를 제거하기 위하여 달걀을 일주일 동안 술에 담가서 숙성시켰다.

달걀은 난황 등에 풍부한 단백질 성분을 포함하고 있기 때문에, 노화된 얼굴의 주름이나 영양을 듬뿍 주는 일종의 얼굴 팩의 주재료로 사용되기에 적합하다. 술은 알코올 성분으로서 피부의 소독과 함께 재료의 변실을 방지하고, 흡수 효과에 도움이 된다. 또 밀봉한 이유는 외부 미생물들의 침임에 따른 오염 방지와 술 속에 있는 달걀의 안정된 발효를 돕기 위함이다.

천연 헤어케어와 향수

머릿결을 위한 전통 소재로서는 동백기름과 창포를 사용하였다. 동백기름은 접착성이 강하고 머릿결을 윤택하게 만든다. 따라서 머리를 치장할 때 빼놓을 수 없는 성분으로 사용되었다. 창포는 모발뿐 아니라 모공에도 효과가 좋기 때문에, 머리를 감고 두피에 바르면 모근을 강화해준다고 하여 사용되었다. 평생 흑발의 머리를 유지 및 관리하기 위하여 한련초를 사용해 머리카락을 염색하기도 했다.

향 또한 중요한 역할을 했는데, 세안 후 향수를 뿌리기도 하였다. 대표적으로 사용한 향으로는 상쾌하고 달콤한 향기가 특징인 백단향이 있다. 이외에도 난초사향, 장미수, 안식향도 널리 사용되었다고 한다.

색조 화장

하얀 피부가 예쁘다는 이미지는 과거에도 있었던바, 분 화장 이야기도 빼놓을 수 없다. 백옥 같은 하얀 피부를 위해 미분(米粉)과 연분(鉛粉)이라고 하는 백분(白粉)을 사용하였다. 미분은 쌀이 주성분으로서 쌀을 곱게 갈았으며, 기장이나 조 같은 곡식 등을 추가해서 넣어서 사용했다. 분꽃 씨에서 추출한 하얀 가루를 사용하여 만들었으며, 하얀 돌가루, 조개껍데기, 칡가루의 분말 등을 섞어서 사용했다고 한다.

연분은 미분에 납 성분을 첨가하여 만든 화장 재료이다. 얼굴에 잘 부착된다는 장점이 있어 꽤 많이 사용되었다고 한다. 그러나 오래 사용할 경우에는 납 중독의 위험성을 지니고 있었다.

당시에는 화장의 농도를 통해서 사회적인 위치 및 역할을 드러내기도 했다. 연지(臙脂)는 궁녀 또는 기생들이 주로 사용하던 화장의 주재료였으며, 주로 홍화에서 추출한 색소로부터 만들었다. 가루 형태로 만들어 보관하였고, 필요할 때만 기름에 적은 양을 녹여 사용했다고 한다. 눈썹 화장으로는 버드나무나 단단한 나무의 숲에서 얻은 재를 기름에 갠 미묵을 이용해서 눈썹을 그렸다고 한다.

새롭게 탈바꿈하다

이렇게 선조들은 다양하게 천연 재료로부터 화장품을 만들어 구전 또는 관습적으로 사용하여 왔다. 국내에서도 스토리텔링을 고려하여 위에서 언급했던 천연 유래 소재들을 각각 쓰임에 맞게 현대 과학적으로 분석하고 이를 실험적으로 증명하고 있다. 그 결과로 녹두를 포함한 세안제, 오이를 활용한 화장수, 유채꿀을 활용한 크림류, 달걀을 활용한 크림 마스크, 동백을 활용한 오일제품과 마스크팩, 한련초를 활용한 천연 샴푸, 백단향을 활용한 향기나는 샴푸 등 다양한 제품들을 쉽게 찾아볼 수 있다.

04

전통에서 찾는 발효 소재

발효는 산소가 없는 환경에서 당을 분해하여 에너지를 확보하는 대사 과정을 말한다. 더 큰 의미로는 미생물, 균류 등을 활용하는 과정을 말한다. "발효(ferment)"라는 단어는 끓인다는 의미의 라틴어 동사인 *fervere*에서 유래된 것이다. 인류는 오래전부터 식량이나 다양한 음료를 생산하기 위하여 발효를 이용해 왔다. 김치나 요구르트, 포도주나 맥주 등이 모두 발효를 사용한 예이다. 발효의 생성물은 유기산(organic acid) 또는 알코올이다.

발효의 화학

발효는 분자에서 ATP라는 에너지를 확보하는 방법으로 세균 및 진핵생물에서 일어나는 공통적인 대사 방식이다. 산소가 없는 혐기성 환경에 적합한 대사 과정으로서 가장 오래된 대사 경로로 추정된다. 발효는 일반적으로 효모와 세균에서 일어나고, 젖산 발효 경우처럼 과도

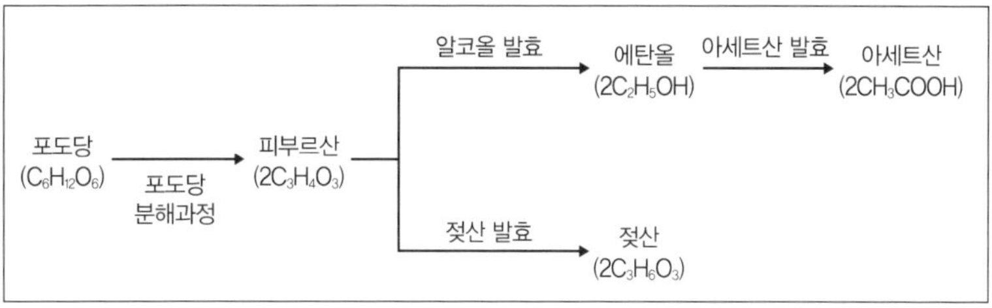

그림 19 발효 과정

한 운동으로 인해서 산소가 결핍된 근육세포에서도 일어난다.

독일 화학자 Eduard Buchner는 1897년에 발효 효소를 추출하는 데 성공한 공로로 1907년에 노벨화학상을 받았다. 효모를 갈아서 제조한 효모 추출액을 관찰한 결과, '살아 있는' 효모와 유사하게 '죽은' 효모 추출액도 설탕물을 발효시켜 이산화 탄소와 알코올을 만든다는 것을 발견하였다. 그 후 발효가 미생물에서 생성된 효소에 의해 일어난다는 것을 관찰하게 되었다.

발효 기술의 발전은 미생물학의 발전 및 유전공학의 발전으로 인해서 현재까지도 꾸준히 계속되고 있다. 이미 1930년대에 물리적, 화학적 처리를 통해서 높은 수율과 빠른 성장을 보이는 돌연변이가 된 미생물들을 확보하였다. 더 나아가서 균주 선택과 잡종화 기술도 개발되어 대부분의 현대 발효소재에도 영향을 미쳤다.

발효를 이용한 화장품

발효과정을 통해서 기존 대상 추출물보다 좋은 물질들의 함량이 더 높아지는 등, 새로운 유형의 소재를 원하는 화장품에 있어서 발효 소재는 차별화 요소로 매우 중요하다. 숙성된 발효 기법을 적극적으로 활용하여 생성한 고밀도의 영양성분 및 피부에 도움이 되는 성분들을 화장품에 반영하고 있다. 화장품의 소재가 피부를 투과하기 위해서는 분자가 작을수록(일반적으로 500 달톤(dalton) 이하) 좋은데, 미생물에 의한 발효 분해 과정을 통해 원재료의 크기를 작게 할 수도 있다는 점도 기대받고 있다.

발효 화장품은 미생물을 발효시키는 과정에서 발효에 도움을 준 균을 제거하고, 효소 외에 유효 성분들을 함께 분리함으로써 기존 효소 하나만이 갖는 효능을 극대화하고, 피부에 좋은 각종 유기산 및 항산화 물질들을 함유한다. 예를 들어 천연 효모 추출액으로 잘 알려진 피테라 성분을 90% 이상 함유한 제품, 식물들을 부위별로 연구하여 효능이 가장 좋은 부위를 1차적으로 선별한 뒤 발효를 시켜서 확보한 성분이 들어간 제품 등이 있다. 발효 화장품은 진정한 웰빙 시대에 발맞춰 피부의 건강을 책임지는 차별화된 전략 제품이라고 할 수 있다.

05

주름을 해결하는 독소, 보톡스

보툴리누스 균과 보톡스

보톡스(Botox)란 미국 Allergan Inc.의 상표명으로서 원래는 보툴리눔 톡신(Botulinum toxin)이며, 보툴리눔 톡신 시장은 세계적으로 8조 원 규모로 추산되고 있다. 보톨리눔 톡신은 혐기성 세균 중의 하나인 보툴리누스균(*Clostridium botulinum*)에서 분비되는 생물학적 독성 단백질이다. 이 균은 주로 고기 등에서 서식하는 등 흔하게 존재하며, 특히 산소가 없는 조건에서 체외 독소를 분비한다.

산소가 없는 통조림 식품 같은 제품을 적절한 가열 없이 섭취하거나 (120°C에서 20분간 가열해야 한다), 운반 또는 보관 과정에서 생겨난 흠집을 통해서 이 세균에 감염되며, 인간에게 식중독인 보툴리누스 중독을 유발한다. 18~19세기 독일에서 일부 사람들이 소시지를 먹은 후에 식중독 증상을 일으키며 죽는 것에서 알려졌으며, 라틴어로 '소시지'를 의미하는 botulus에서 따온 이름이다.

보톨리누스균은 신경독소(neurotoxin)를 만들어내는데, 운동 신경과 근육이 만나는 근섬유부위(neuromuscular junction)에 신경전달물질 중의 하나인 아세틸콜린(acetylcholine)의 분비를 차단함으로써 근육의 마비를 유발한다.

보톡스 발견은 안과에서 시작

보톡스의 임상적인 활용은 피부가 아닌 안과에서 시작되었다. 미국의 안과 의사인 Alan Scott이 사시 환자를 치료할 목적으로 보톡스를 연구했으며, 아주 극소량의 보톡스를 실험 동물의 특정 부위에만 국한하면, 안전하고 지속되는 근육 마비의 효과를 확보할 수 있음을 발표하였다. 1977년에는 임상 실험이 진행되었고, 보톡스가 사시 치료 외에도 눈꺼풀 경련에도 효과적이라는 데이터가 확보됨에 따라 1989년 미국식품의약국(FDA)의 허가를 받게 되었다. Alan Scott은 1991년 이 약물에 대한 권리를 인계한 대가로 약450만 달러의 대가를 받았는데, 이 약물이 현재 전 세계적으로 미용분야에까지 확장될 것임을 미처 생각하지 못했던 아쉬운 결정이었다.

이 Alan Scott 연구팀에서 연구하던 캐나다 안과 의사인 Jean Carruthers는 눈꺼풀 경련을 치료하기 위해 보톡스를 사용한 환자에게 미간 주름이 펴졌다는 결과를 파악하고, 피부과 의사인 남편 Alastair Carruthers와 함께 미간 주름 환자(18명)를 치료하였다. 1992년에 그 결과를 논문으로 발표하게 되고 이후 보톡스 미용 시술의 시작을 알리게 되었다.

현대의 보톡스 시술과 위험성

현재는 의학적으로 이 독소가 신경 말단에서 신경전달물질의 분비를 저해함으로써 근육 마비 등을 유발하는 특성을 활용하고 있다. 전신에 걸쳐 인체에 영향을 미치지 않을 극소량으로 희석해 적절한 용량과 방법으로 매우 안전하고 효과적인 약물로 사용된다. 보톡스 시술에는 비교적 약한 A형 독소가 사용되는데, 근육의 활동을 마비시킴으로써 주름을 펴고, 주름 생성을 억제하는 원리이다. 따라서 표정을 관장하는 근육의 반복적 수축 때문에 생긴 주름에 효과가 있으며, 노화의 심화로 인해 처지게 된 주름에는 효과가 없다고 한다.

이외에 저작근에 해당되는 턱 근육의 과도한 발달로 인해 생기는 사각 턱의 경우, 저작근에 보톡스를 주사하여 위축시킴으로써 얼굴형을 개선하기도 한다. 콧볼 주위에 주사해 콧볼 근육을 마비시킴으로써 웃더라도 콧볼이 벌름거리지 않도록 쓰이기도 한다. 보툴리눔 독소를 주입하게 되면, 부위마다 다르더라도 2~3일 후부터 효과가 나타나며, 시술 1~2주 경과 후에 최고점에 도달하한다. 1회의 치료로 약 3~6개월 정도 효과가 지속된다.

최근 보톡스의 위험성에 관한 연구 결과가 미국 위스콘신 주립 대학 Edwin R. Chapman 신경학 교수 연구팀에 의해 발표되었는데, 쥐의 신경조직을 분리하여 미소유체(microfluidic)에서 배양하여 연구를 진행한 결과 보툴리눔 독소가 연결통로인 축삭 돌기를 타고 신경세포들 사이를 이동과정을 동영상으로 촬영하는 데 성공했다. 이는 보톨리눔 독소가 주입 부위와 멀리 떨어진 부위에도 영향을 줄 수 있음을 보여주는 결과이다.

이러한 보톡스와 관련한 신규 소재로는 보톡스 유사 펩타이드가 사용된다. 이 소재는 화장품에 기술적으로 반영되어 출시되는 것으로 파악되고 있다. 다만, 보톡스 유사 펩타이드가 보톡스와 유사하게 근육까지 전달되는지는 과학적인 결과 또는 임상적인 연구 결과가 뒷받침되어야 할 것이다.

06

보습의 끝판왕 히알루론산

히알루론산(hyaluronic acid)은 1934년 Meyer 연구 그룹에 의해서 소의 유리체로부터 분리된 대표적인 글리코사미노글리칸이며, 피부에 다량으로 존재하는 생체 천연 물질이다. 히알루론산은 수산화기(-OH)가 많아서 자신의 무게 대비 300~1000배에 달하는 수분을 포함할 수 있는 친수성 물질로 점탄성과 보습 능력이 뛰어나다고 할 수 있다. 특히, 포유동물의 결합 조직 중에 대량으로 분포되어 있고 닭 볏에도 많이 함유되어 있으며, 인체의 경우에는 피부 외에 관절액, 눈물 등에서 존재하고 있다. 우리 몸의 히알루론산 중 50%가 피부에 존재하여 수분을 유지하고, 피부 구조를 안정화시키는 데 큰 기여를 한다.

히알루론산을 얻기 위하여

과거에는 닭 볏으로부터 히알루론산을 추출하는 방식이 많이 쓰였다. 그러다가 연쇄상구균(St. zooepidemicus) 등의 미생물이 히알루론산을 생산한다는 사실이 발견되었다. 이에 따라 최근에는 미생물(연쇄상구균)을 이용한 발효 생산 연구를 기반으로 히알루론산의 대량 생산이 가능하게 되었다. 연쇄상구균 기반 발효 생산은 약 48시간 동안 포도당을 탄소원으로 하고, 효모 추출물 및 펩톤을 질소원으로 하는 배지에서 배양함으로써 히알루론산을 생산한다. 배양 종료 후에는 균체와 불순물을 여과하여 제거한 뒤, 알코올 침전법으로 단백질 함량 0.1% 이하인 고순도의 히알루론산이 얻어진다.

히알루론산의 장점

히알루론산의 장점은 다음과 같다. 첫 번째, 건조한 피부에 수분을 공급하는 것이다. 2014년 진행된 연구에 따르면, 여성 참가자들에게 히알루론산이 함유된 로션, 세럼, 크림을 건조한 피부에 수분을 공급함으로써 바르도록 한 결과, 피부 수분량이 약 96%까지 향상되는 것을 보여주었다. 두 번째, 상처 치유에 도움이 된다는 것이다. 2016년의 연구에 따르면, 상처를 치료할 목적으로 히알루론산을 피부에 바르게 되면, 염증을 완화하고 조직 회복을 개선하는 데 도움이 된다고 발표되었다.

세 번째로는 피부결을 매끄럽게 해주고, 네 번째는 노화를 방지해준다. 피부에 히알루론산의 약 50%가 존재한다. 노화에 따라서 히알루론산의 양이 줄게 되면 주름이 발생하게 되는데, 히알루론산을 공급해주면, 주름의 깊이를 줄이고, 피부 탄력을 개선해준다. 매일 8주 동안 히알루론산을 바른 경우, 주름 깊이가 최대 대략 40% 감소함과 함께 탄력도 최대 55% 향상되었다고 발표되었다.

다섯 번째, 피부의 염증을 완화시키는 데도 기여한다. 2011년 한 연구에 따르면, 히알루론산이 염증 개선 효과도 높다는 사실을 발견했다.

바이오 화장품에서는 이러한 히알루론산의 효능을 인지하고 있으며, 따라서 히알루론산은 보습력을 강조하는 다양한 제품들의 전성분에 주로 들어가는 소재가 되었다.

신체 여러 곳에서 활약하는 히알루론산

피부 외에도 우리 신체에서 히알루론산의 다양한 이로운 점들이 밝혀져서, 히알루론산은 의약품으로서 각종 안과 수술의 보조제 및 인공눈물, 관절 내 주사제, 그리고, 상처치유 등의 치료에도 사용되고 있다. 2017년 연구에 따르면, 관절에 히알루론산을 주사하여 관절 통증을 개선시킬 수 있다고 발표하였다. 2016년 연구에 따르면, 히알루론산이 잇몸 질환 및 구강 궤양으로 앓고 있는 치과 환자들에게 잇몸병 퇴치에 도움을 준다고 밝혀졌다. 히알루론산 보충제와 산 억제제를 함께 복용하게 될 경우에 역류성 식도염 환자의 증상이 개선된다고 발표되었다.

눈에는 고농도의 히알루론산이 함유되어 있다고 한다. 따라서, 히알루론산이 포함된 안약은 안구건조증 치료에 도움을 준다. 갱년기 이후의 여성들에게 질 건조증은 종종 영향을 미치는 데, 히알루론산 크림을 사용하게 될 경우에 질 건조 증상을 완화시키는 데도 도움이 된다고 한다. 위와 같은 히알루론산의 장점들을 고려해볼 때 히알루론산이 함유된 제품을 사용하는 것은 젊음의 외모를 유지하고 노화를 지연 및 예방하는 데 큰 도움이 될 것이다.

히알루론산을 경구로 섭취했을 때도 우리 신체에 유사한 이점이 있을까? 이를 파악하기 위해 연구를 수행한 결과 2014년 Nutrition Journal

발표에 따르면, 히알루론산의 섭취도 건조한 피부에 긍정적인 영향을 준다고 한다. 저분자, 고분자 히알루론산 모두 피부로 전달되어 섬유아세포의 증식에 영향을 미쳐 히알루론산 생성과 세포 증식을 유도하여 피부 보습에 기여하였다. 히알루론산 섭취를 통해서도 피부 보습 개선 및 세포 증식에 미치는 장점에 대한 연구들이 많이 발표됨에 따라서, 2019년 Front Vet Sci에는 의학적 목적으로 히알루론산 활용 가능성을 시사한 논문이 출판되었다.

미용 의료 시술 필러의 핵심 성분인 히알루론산

전 세계적으로 많이 이루어지는 미용 의료 시술 중 하나인 '필러'. 노화가 진행됨에 따라서 줄어드는 인체 조직 성분을 대체할 수 있는 보충 성분의 개발은 지속적으로 진행되어 왔으며, 처음에는 인체 내에 존재하지 않는 실리콘 같은 성분을 사용하였다. 이는 오래 지속된다는 장점이 있으나, 외부 물질임에 따라 사람에 따라서 과도한 면역 반응을 일으킬 수 있다는 단점이 있었다.

이러한 단점을 극복하기 위해서 현재 널리 사용되는 필러의 주요 성분이 히알루론산이다. 히알루론산은 매일 분해되고 생성되기를 반복하는데, 우리 몸에는 히알루로니데이스(hyaluronidase)가 있어, 히알루론산을 분해할 수 있다. 즉, 히알루론산으로 필러를 만들어 주입하게 되더라도 자연스럽게 히알루론산이 분해돼 사라지게 된다. 히알루론산 필러를 주입한 후 문제가 발생하게 되더라도 히알루로니데이스를 주입하여 분해할 수 있다.

이는 자연 상태의 히알루론산이 쉽게 분해될 수 있음을 의미하기도 한다. 즉, 필러의 유지 기간이 짧아진다. 때문에 히알루론산 필러의 경우에는 유지 기간을 길게 할 목적으로 분자들 사이를 이어주는 역할을 하는 물질인 가교제(加橋劑)를 첨가해 만든다고 한다. 히알루론산에 가교제를 결합시킴으로써 히알루론산이 효소의 공격을 덜 받도록 하여, 더욱 오랫동안 형태를 유지할 수 있는 것이다. 이 교차 결합을 활용하여, 히알루론산을 겔(gel)의 형태로 만드는 것이며, 필러 제조사마다 차별화된 독자적인 기술을 통해 다양한 필러 제품이 출시되고 있다.

07

독보적인 안티에이징 성분, 레티놀

비타민 A의 대표적인 유도체는 레티노산(retinoic acid)이다. 피부에 비타민 A 연고를 바르면 피부세포가 비타민 A를 흡수한 후, 대사 과정을 거쳐서 레티노산으로 변화시킨다. 이렇게 생성된 레티노산은 피부 노화를 억제하고, 주름을 개선해주는 좋은 작용을 한다. 레티노산은 다소 과다하게 사용되었을 때 염증 반응을 유발할 수 있기에 화장품에는 함유할 수 없으며, 약으로만 판매될 수 있도록 식약처에서 허가하고 있다.

애증의 레티놀

90년대 초부터 미국 의학계서는 레티노산이 지금까지의 어느 성분보다 주름 개선 효과가 뛰어나다는 연구 결과를 발표하였다. 레티노산은 염증 반응 등의 자극이 있는 관계로 이와 유사한 유도체의 일종인 레티놀 연구를 화장품에 반영하기 위하여 연구를 시작했으며 레티놀도 콜라겐 생성을 유도하여 주름 및 탄력의 향상에 기여할 수 있음이 밝혀졌다.

레티놀은 피부과학계에서 '애증의 항노화 성분'이라고 할 수 있다. 빛과 산소, 수분에 모두 민감하게 반응하기 때문에 유효 성분이 피부 속까지 전달되어 안정화를 이루기가 쉽지 않고, 적정 농도를 어느 정도 벗어나면 피부에 염증을 유발하는 자극이 될 수 있기 때문이다. 따라서 이를 제품화하기 위해 레티놀의 효능은 유지하도록 안정화하면서도 자극은 줄이는 기술력이 필수이다.

예를 들어, 상온에서 변질되지 않도록 제형의 안정성을 확보하기 위해 이중캡슐화하는 기술을 개발하는 등 기술적 진화를 거듭해 나가고 있다. 레티놀 화장품이 일반적으로 입구가 작은 밀폐형 튜브 형태로 판매되는 것도 빛과 산소의 접촉을 최대한 차단하기 위해서이며, 밤에 바르는 것을 권장하는 이유도 그중 하나다.

레티놀이 노화 피부에서 중요한 역할을 하는 과정은 다음과 같다. 피부 속으로 침투해 콜라겐과 탄력섬유의 생성을 증가시켜, 진피의 밀도를 높아지게 하여, 주름을 완화시킨다. 광노화를 억제하는 데도 효과적이며, 멜라닌형성세포를 생성하는 효소를 억제하고, 멜라노좀의 이동을 억제하여, 잡티를 옅게 만들어서 피부톤을 밝게 하는 등 미백에도 좋은 효과를 미친다.

08

대량 생산 가능한 식물 소재 배양의 핵심, 캘러스

캘러스(Callus, 창상조직 혹은 유상조직)는 분화되지 않았으며, 다양한 형태를 보이는 부정형의 세포 덩어리로서 식물에 상처가 일어날 때, 상처 부위 주변에 생성되는 분열조직이 형성한 종양 조직이다. 식물은 크게 세포 분열을 하지 않는 영구 조직과 세포 분열을 하는 분열 조직으로 크게 구분되는데, 분열 조직의 세포를 선별하여서 영양분이 있는 배지에 넣고 배양하면 캘러스가 생성된다. 그 이후에 부정배(adventitious embryo)가 형성되고 결국에는 식물체로 분화된다. 옥신(auxin)과 사이토키닌(cytokinin) 같은 생장 조절 물질이 식물 캘러스 배양에 사용되며, 이들의 비율을 적절하게 조절하여 세포분열 능력을 향상시켜 캘러스 덩어리를 얻을 수 있다.

캘러스 배양하기

식물 캘러스를 형성하는 세포들은 원래의 식물체로 자랄 수 있는 전능성(totipotency)을 보유하고 있다. 대부분의 주요 육상식물 종들은 조직배양 방법을 활용하여 캘러스를 형성할 수 있는 능력이 있는 것으로 밝혀졌다. 캘러스 형성을 유도하는 배지는 한천과 세포배양에 적절한 다량 및 미량 영양소의 혼합물로 구성되며, 질소, 인, 포타슘 같은 미네랄들이 식물 세포의 배양을 위하여 충분히 공급되어야 한다.

식물의 캘러스는 대부분 체세포에서 형성되므로 어느 식물에서 어느 조직을 캘러스 유도에 사용하는지가 매우 중요하다. 캘러스를 만드는 세포들은 보통 빠르게 분열할 수 있거나 분열조직의 세포같이 부분적으로는 미분화되어있는 상태이다. 배양 환경에 따라 캘러스는 잘 부스러지는 덩어리를 형성하거나 탄탄한 덩어리를 만든다. 이 부스러지는 캘러스 덩어리는 매우 쉽게 부스러져서, 현탁 배양용 세포를 확보하는 데 매우 효과적이다. 캘러스는 개별 세포가 아닌 복합적인 조직으로부터 형성되기 때문에, 반드시 유전적으로 균일하다고 할 수는 없다. 다만 캘러스는 동일한 세포에서 유래한 균일한 세포 덩어리로 인식되

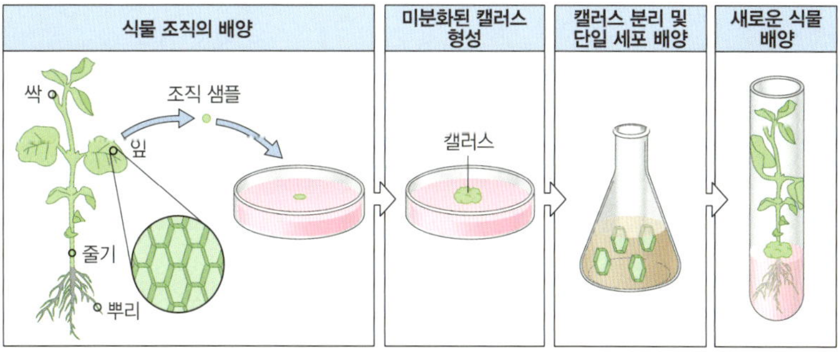

그림 20 식물로부터 캘러스 배양 과정

어 표준 분석에 활용된다.

캘러스 연구의 의의는 한 개의 세포로부터 식물체로 재분화할 수 있다는 것이다. 형질전환 식물 연구자들은 식물 세포에 특정 유전자를 넣어준 후, 배양 및 재분화시켜 완전한 식물체를 만들어내고 있다. 결국에는 모든 세포에서 특정 유전자를 보유하는 형질전환 식물체를 확보할 수 있다.

특정 유전자를 세포에 도입하는 방법으로 무작위 방법인 유전자총(gene gun)과 천연적인 방법인 토양세균인 아그로박테리움(*Agrobacterium*)을 이용하며, 이렇게 특정한 새 유전자를 보유하게 된 세포는 호르몬의 적절한 배합으로 만들어진 배지에서 조직배양을 거쳐 형질전환 식물체로 탄생하게 된다. 이렇게 얻게 된 형질전환 식물들은 일반적으로 특정 유전자의 기능을 확인하는 연구용으로 활용되거나 농업적으로 필요한 새로운 작물 품종의 육성에 사용된다.

화장품 산업에서 캘러스의 활용

특정 식물 유래 캘러스는 생리활성 물질인 다종의 파이토케미컬(phytochemical)을 고농도로 함유하고 있기 때문에, 코스메슈티컬 및 바이오 화장품의 핵심 소재로 활용되고 있다. 다양한 식물 캘러스 배양 추출물을 피부에 처리한 결과 피부 문제인 주름, 색소침착 등에 효과가 있는 것으로 관찰되어 화장품 원료로 이용하기 시작하였다. 유래 식물 캘러스의 종류에 따라 피부 세포 증식 능력이 향상되거나 활성산소를 제거하는 항산화능을 보이기도 한다. 또 콜라겐 합성을 촉진하고 주름 감소와 탄력을 개선하는 등 안티에이징 효능이 있으며, 식물 종류에 따라 미백 효과 및 진정 효능을 보인다고 관찰되었다.

그러나 화장품에 도입한 캘러스를 식물 줄기세포로 과대 광고하는 경우가 많았다. 이에 식약처에서는 캘러스가 미분화세포라고 할 수 없기에, 캘러스를 줄기세포라고 할 수 없다는 기준을 고시하였다. '~캘러스 배양 추출물'을 식물 줄기세포(스템셀) 배양추출물로 표시하고 광고하는 행위는 관계 법령에 저촉되는 사항이 되므로 주의해야 할 것이다.

09

신규 프리미엄 원료, 엑소좀

생체 내 세포들은 어떻게 끊임없이 서로 간의 신호를 주고받을까? 최근 세포 간 신호를 전달하는 매개체로서 세포외 소포체(extracellular vesicles, EVs)인 엑소좀(exosome)을 발견하였다. 이 엑소좀은 동물, 식물의 진핵생물에서부터 미생물 등의 원핵생물에도 존재한다. 엑소좀의 입자 크기는 50~200nm 정도이며, 원형 이중 지질막 구조물로 되

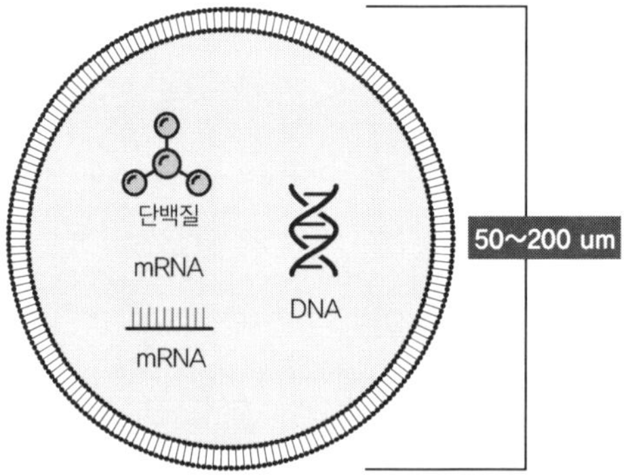

그림 21 엑소좀의 구성분들과 크기

어있다. 이 엑소좀은 주위의 세포 또는 생체 내 순환을 통해 먼 거리에 떨어져 있는 세포 간의 신호도 전달한다.

엑소좀의 발견과 구조

캐나다의 Rose. M. Johnstone 교수 연구팀에 의해 1987년 최초로 엑소좀이 발견됐을 때는 그 중요성을 크게 인식되지는 않았다. 그러다가 생명과학 기술이 발달하고, 분리 및 분석 기술이 향상되면서 엑소좀에 대한 다양한 기능 연구도 진행되었다. 마침내 세포 내에서 만들어지는 중요한 물질로 파악되었고, 현재는 모든 세포에 있어 중요한 신호 전달체라고 각광 받고 있다.

엑소좀의 이중 지질막에는 주로 지질, 막단백질인 Tetraspanins 계통 단백질(CD9, CD63, CD81)과 Integrin 등이 존재한다. 엑소좀 내부의 구성 성분은 DNAs, RNAs, 지질, 아미노산, 대사체(metabolite)는 물론, 여러 가지 효소, 신호전달 매개 물질 등이 존재한다.

엑소좀의 기능과 화장품 원료로써의 가치

최근에는 세포의 항상성(homeostasis)을 그대로 유지하기 위해 엑소좀이 세포의 쓸모없는 성분을 제거하는 데 기여한다는 사실이 밝혀졌다. 또 세포의 특정 성분을 기능적으로 표식해 세포 간 상호작용을 조절함으로써 성장, 재생, 면역 등에 끼치는 다양한 기능들도 보고되고 있다.

동물이나 미생물에서보다 식물에서 엑소좀의 입자가 크고, 식물 안에서도 뿌리, 줄기, 잎 등 그 부위에 따라 엑소좀 입자의 크기가 다양하다. 그렇더라도 그 크기가 200 nm를 크게 넘지는 않는다. 피부 모공의 크기는 대략 30~50 μm으로, 엑소좀보다 훨씬 크기 때문에 엑소좀은 피부로 쉽게 흡수된다. 따라서 세포 내 활성인자들을 피부 진피층까지 쉽게 전달할 수 있을 것으로 보고 있다. 이로 인해 엑소좀은 새로운 효능 소재를 찾고 있는 화장품 시장에 있어서 핵심 원료로 부각되고 있다.

특히, 안전성 문제가 있는 동물 유래 엑소좀보다는 식물에서 추출한 엑소좀은 특정 파이토케미컬들을 포함하고 있어서 다양한 생리 활성을 기대할 수 있다. 식물 유래 엑소좀은 천연물로서 기존의 리포좀(liposome) 같은 합성 전달체(carrier)에 대비해서 생체 적합성이 높고, 대규모 생산이 가능한 편이며, 생체 친화적 바이오 전달체로서의 가치를 가지고 있다.

프리미엄 원료로 활용되다

최근 들어 유기농, 비건 화장품에 대한 관심이 커지면서, 식물 유래 천연물 원료의 수요도 지속적으로 증가하고 있다. 따라서 많은 기업이 앞에서 언급한 캘러스 배양 방법이나 스마트팜 재배 방법을 통해서 다양한 고기능성 파이토케미컬을 지니고 있는 식물 캘러스 유래 엑소좀을 확보하는 데 노력을 기울이고 있다.

가령, 국내의 프리미엄 화장품에 사용되는 기존의 인산 추출물 또는 인삼 성분인 진세노사이드 계열과 차별화하기 위하여 인삼 캘러스 유래 엑소좀을 분리하여 화장품 소재로도 사용을 시도하고 있으며, 알프스 고산지대 식물인 에델바이스(*Leontopodium alpinum*) 캘러스로부터 추출한 엑소좀, 마데카소시아드(Madecassoside)라고 하는 상처 치유 물질을 함유한 병풀(*Centella asiatica*) 캘러스 유래 엑소좀도 개발되었다. 이들은 피부 장벽 및 노화 개선에 우수한 효능을 보여 천연 화장품의 프리미엄 원료로 활용되고 있다.

10

생체 내에 존재하는 대사체

대사체(metabolites)는 대사(metabolism) 과정에서 생성되는 다양한 생체 내 물질들을 말하는 것으로 생리적/생화학적 작용에 영향을 미친다. 대사체는 탄수화물, 지질, 단백질들의 분해 또는 생성, 단백질들과의 상호작용에 의한 세포 신호전달 같은 조절에도 관여하며 항상성 유지에도 기여한다. 즉, 대사체의 작용 기전들을 이미 알려진 생물학적 정보들과 통합하고 해석하는 것은 생명과학의 현상을 더 깊게 이해하는 데 매우 중요하다.

대사체에 대한 분석 기술의 발전과 더불어 생물정보학(bioinformatics), 화학정보학(chemoinformatics) 같은 분석 프로그램과의 결합으로 더욱 정밀해지면서 기존에 이해하지 못한 생명 현상들을 해석할 수 있는 중요한 연구분야가 되었다. 이로 인해 특정 대사체와 특정 표현형(phenotype) 사이의 관련성에 대한 분석이 가능해졌다. 대사체 연구가 노화를 특정하는 바이오마커(몸 안의 변화를 알아낼 수 있는 지표)의 발굴에도 활용될 수 있게 된 것이다.

대사체 연구와 개선 방향

대사체와 표현형과의 상관관계를 이해하기 위해서 해당 대사체를 동정하고, 바이오마커를 검증하는 것은 필수적이라고 할 수 있다. 일반적으로 대사체 분석을 진행하여 시료에서의 대사체들에 관한 정보를 우선적으로 확보하고, '표준 물질(standard compounds)'을 활용하여 일부 대사체의 특성을 확인한다.

이후 특정 바이오마커의 검증단계가 필요한데, 일반적으로 대조군 대비 실험군에서 대사체들의 함량 농도 차이가 매우 적은 편이라서 정확한 측정이 어려운 경우가 많다. 또한 연구 집단 간에 다양한 유전적/환경적인 차이 때문에 특정 대사체의 특성이라고 하기에는 편차가 커질 가능성도 존재한다. 이러한 편차는 특정 조건에서 나타나는 상관관계를 보이는 유의미한 바이오마커의 단서로서 기능을 하는 대사체를 확인하는 데 방해가 되기 때문이다. 이런 문제를 해결하기 위하여 대상 연구 범위를 제한하거나 중요도가 높은 대사체들을 먼저 찾아야 한다.

지금까지 약 2,000여 개의 대사체를 포함한 여러 가지 대사 경로 지도(metabolic pathway map)가 만들어졌고, 연구자들은 이를 활용하고 있다. 그러나 여전히 일부 대사체에 대한 특성은 아직 밝혀지지 않았기 때문에 이에 대한 노력이 이어져야 한다.

화장품으로 사용되는 대사 추출물

화장품의 핵심 소재로는 주로 식물 유래 추출물을 사용해왔는데, 추출물에는 사실 다양한 대사체들이 존재하고 있다. 이 대사 산물은 크게 1차 대사산물(primary metabolite)과 2차 대사산물(secondary metabolite)로 나뉜다. 1차 대사산물은 모든 생물에 존재하며, 생활에 필수적인 기본 대사에 관여하는 물질이다. 당, 지방산, 아미노산 등이 여기에 해당한다. 2차 대사산물은 어느 특정 식물에만 분포되어 있는 성분으로서 예를 들어 녹차 성분인 Epigallocatechin gallate(EGCG) 같은 플라보노이드(flavonoid) 등이 있다.

ATP라는 에너지를 얻기 위해 활발하게 진행되는 대사과정 중의 하나인 포도당 분해 과정에서 일시적으로 생성되는 fructose 1,6-bis-phosphate라는 대사체가 있다. 이 물질은 콜라겐을 생성하고, 피부 진피층을 탄탄하게 해준다는 연구 결과도 발표되었으며, 화장품에도 핵심 소재로 적용되고 있다.

현재 많은 글로벌 화장품 회사들이 대사체의 중요성을 알고서 이를 활용하기 위해 연구하고 있다. 자연계에 존재하는 식물 또는 해양 생물로부터 추출물들을 채취하고, 이들이 피부과학적으로 어떤 효능을 갖는지를 분석하고, 이들의 추출물로부터 특정 대사체를 발굴하여 화장품에 담음으로써 차별화된 제품을 개발하기 위한 노력이 이어지고 있다.

11

공생 관계의 솔루션, 피부 마이크로바이옴

마이크로바이옴(Microbiome)은 미생물 군집(microbiota)과 유전체(genome)의 합성어를 말한다. 미생물 군집은 인체에 공존하며 서식하고 있는 상재균, 병원균 등 모든 미생물의 총합을 일컫는 것이다. 즉 인체 마이크로바이옴은 인체에 공생하고 있는 미생물들과 그 미생물들의 유전정보 전체를 말한다. 최근 생명공학 기술의 발달로 미생물 군집과 인간 피부 사이에 상호 연관성이 있음이 연구를 통해 밝혀졌는데, 약 1,000여 종의 미생물들이 피부에서 공생하며 살아간다고 밝혀졌다.

보다 유의미한 효과를 지닌 미생물군 유전체를 발견하고 대용량의 시료를 초고속으로 분석하기 위해, 최근에는 미생물을 배양하지 않고도 유전자 수준에서 분석하는 메타지노믹스(metagenomics) 분석이 도입되었다. 이에 따라 매우 적은 양의 미생물 관련 시료의 분석도 가능해졌다. 최신 유전체 분석 기술을 기반으로 마이크로바이옴 연구가 활성화되면서 인체 피부의 정상 기능과 건강, 질병 발생에 있어서 피부 마이크로바이옴의 역할이 계속 밝혀지고 있다.

마이크로바이옴의 주요 특징

지금까지 연구로 밝혀진 마이크로바이옴의 주요 특징은 다음과 같다. 첫째, 마이크로바이옴 구성 정도에 따라서 동일한 영양분을 흡수할지라도 사람마다 영양분 흡수에 있어서 차이가 있다. 둘째, 체내에 유입된 약물이나 가령 발암 물질로부터 인체를 보호하는 기능이 있다. 셋째, 인체 면역체계와 상호작용을 하여, 외부의 유해 미생물로부터 인체를 보호한다. 넷째, 마이크로바이옴으로부터 유래된 생성 물질은 뇌의 발달 및 신경 조절을 통한 여러 행위에도 영향을 준다.

피부에서 공생하는 피부 미생물도 위와 비슷하게 작용을 한다. 즉, 피부 장벽 기능을 돕고, 병원균이나 알레르기 항원에 대응하여 피부를 보호하며 면역 반응을 조절하기도 한다.

마이크로바이옴 활용의 주요 기술

최근 들어 많은 마이크로바이옴 기반 제품이 출시되면서, 점차 질적 향상까지 도모하고 있다. 이러한 마이크로바이옴 활용의 주요 기술 분야는 크게 프로바이오틱스(probiotics), 프리바이오틱스(prebiotics), 포스트바이오틱스(postbiotics)로 나뉜다.

프로바이오틱스는 섭취 시에 인체에 도움을 주는 살아있는 세균을 말하며, 인간의 건강에 도움이 되는 박테리아나 효모 같은 살아있는 미생물로 구성된다. 유산균(*Lactobacillus*), 엔테로콕쿠스(*Entero-*

표 2 마이크로바이옴의 기능. 출처: NH, KISTEP 재인용, 2020.

기능	핵심 내용
영양분 흡수	마이크로바이옴 구성에 따라 동일 영양분을 흡수하더라도 사람에 따라서 영양분 흡수 양상이 다를 수 있음
약물대사 조절	체내에 유입된 약물 또는 발암물질로부터 보호하는 기능
면역작용 조절	인체 면역체계와 상호작용을 통해 외부 병원성 미생물로부터 보호
발달 조절	마이크로바이옴에서 생성된 물질은 뇌의 발달과 신경 조절을 통한 행동에도 영향을 미침

coccus), 비피더스균(*Bifidobacterium*) 등의 균주가 대표적이다.

프리바이오틱스는 장내에 도움이 되는 박테리아의 생장을 돕는 성분으로, 인체에서는 소화가 어려운 난소화성 물질이다. 프로바이오틱스의 영양원이 되며, 장내 환경을 개선하는 데 도움을 준다. 대표적인 프리바이오틱스는 이눌린 또는 이눌린을 활용하여 올리고당과 같은 탄수화물 및 식이섬유의 형태로 존재한다.

프로바이오틱스와 프리바이오틱스가 생성시키는 부산물을 포스트바이오틱스라고 하며, 균주와 배양 기술에 따라서 생성되는 물질이 달라진다. 유기산, 다당류, 항균물질, 효소 같은 분비물이 여기에 속한다. 이들은 장 투과성 조절 및 염증 억제 효능을 보이는 등 면역에 도움이 되는 것으로 발표되고 있다.

마이크로바이옴을 적용한 다양한 산업과 제품들

마이크로바이옴은 식품산업에서 가장 먼저 상용화되고 있으며, 전통 식품인 김치와 치즈, 요구르트 등 미생물이 함유된 발효식품부터 프리바이오틱스 및 프로바이오틱스 소재 건강기능식품까지 확대되고 있다. 한편, 건강한 피부를 위하여 피부 관리 또는 피부 질환의 예방에 대한 접근 방법도 변화하고 있다. 마이크로바이옴 관점에서는 유익균의 소멸이나 미생물 간의 불균형 초래 같은 부작용이나 위험성이 중요시되고 있다.

건강한 피부의 항상성을 유지하려면 피부와 미생물 군집이 완벽한 균형을 이루고 있어야 하는데, 이 정교한 균형이 파괴되면 피부 장벽 기능이 무너지게 된다. 가령 코로나바이러스 감염 등을 예방하기 위해 하루에도 몇 번씩 손 세정제를 사용하게 된다. 이때 피부에 존재하는 유해균뿐만 아니라 유익균도 같이 소멸할 수 있다. 세정 후 피부의 표면을 현미경으로 들여다보면 피부 상태가 매우 거칠어져 있고, 각질 탈락 현상도 심화되는 등 보습력이 크게 저하되어 있음을 알 수 있다.

화장품 산업에서의 마이크로바이옴 기술

마이크로바이옴 기술은 화장품에도 차차 반영되고 있다. 화장품 제조법과 규제 등에 의해, 현재는 미생물의 추출물 또는 용해물을 성분으로 이용하는 포스트바이오틱스 기반 제품만이 개발 및 출시되고 있다.

미생물의 유해한 영향을 억제하기 위해서는 유해한 미생물을 억제하는 저분자 물질이나 미생물에서 유래한 항균물질을 사용할 수 있다. 피부 문제를 피부 미생물총의 불균형(dysbiosis)으로 보는 인식이 확산

표 3 마이크로바이옴을 활용한 화장품들의 기술적 특징

기업	제품명	소재	기술 특징
아모레퍼시픽	라보에이치	녹차 유래 유산균 발효용애성분 15종	두피 장벽 강화를 위한 두피 케어 제품
	일리윤프로바이오틱스 스킨베리어	락토스킨컴플렉스 유산균 발효용해성분	피부 장벽 강화를 위한 스킨 케어 제품
LG생활 건강	닥터그루트 마이크로바이옴 제네시크7	7가지 프리바이오틱스와 파라프로바이오틱스캡슐	두피 케어 제품
코스맥스	닥터자라트 솔리바이옴	마이크로코쿠스용해물과 바실러스 발효물	자외선 차단용 화장품
현대 바이오랜드	더마 바이오틱스 큐비솜(Cubisome)	발효취를 발생시키는 유산균 세포질 단백질과 세포벽 성분을 제거하고 핵심 성분인 뉴클레오티드를고농도로 생산/제조 기술	보습, 주름개선, 미백 등의 피부 기능성 향상
종근당건강	클리덤 닥터라토	유산균 발효 및 용해 결과로 얻은 7가지 성분의 복합물인 락토-7 베리어	스킨 케어 제품
동아제약	파티온아쿠아 바이옴	쿠티빅테리윰이비돔발효추출여과물	피부 진정 및 수분 장벽 개선
셀바이오텍	락토클리어 안티에이징	Microbiome CBT 5 complex(5가지 유산균 성분)	스킨 케어 제품
지놈앤컴퍼니	GENS-502	건강한 사람의 피부상제균	여드름 관리 화장품 (임상 개발 완료)

되면서 피부 미생물총의 건강한 균형 상태를 해치지 않는, 즉 미생물총 무영향(microbiome-safe) 스킨케어 제품 및 세정제도 개발되고 있다.

피부 마이크로바이옴 기반 퍼스널 케어 산업에서는 일찍부터 피부에 유익한 미생물의 산물을 활용하는 포스트바이오틱스 제품이 개발되어 판매되고 있다. 최근에는 인체 상재균을 중심으로 살아있는 미생물을 활용하는 프로바이오틱스 제품도 출시되었다. 프로바이오틱스 제품에는 미생물이 첨가된 로션이나 크림과 같이 피부에 도포하는 유형과 미생물로 구성된 기능성 식품과 같이 섭취하는 유형이 있다.

식품기업과 제약사도 캐시카우(cashcow)가 되는 화장품 사업 진출을 하면서, 마이크로바이옴 전문 기업과의 공동 연구를 통해 제품을 출시하고 있다.

12

피부 고민을 신경과의 네트워크로 해결하려는 뉴로코스메틱

감정과 피부

화장품은 우리 신체의 오감(five senses)을 자극하는 제품이다. 화장품 전문점에 들어가서 마음에 드는 화장품을 찾아가는 과정에서 일단 시각적으로 용기나 포장에 적혀 있는 중요한 마케팅 포인트인 천연 유래 소재를 확인할 수 있다. 이후 테스트해보는 과정에서 화장품 샘플의 용기를 열어서 향도 맡아보고 손에도 발라본다. 이 과정에서 후각으로 냄새를 감지하며, 사용감, 발림성 등의 촉감을 직접 피부로 느낀다.

이렇듯 화장품은 우리의 감각과 상호작용을 하는 제품이다. 화장품은 사용하면서 아름다움도 느끼게 하지만, 인간관계의 조화 속에서 밀접하게 감정적인 이익도 가져가게 해주는 역할도 한다.

주름에는 다양한 주름들이 있다. 이 주름은 우리의 감정과도 밀접한 관련이 있다고 할 수 있다. 가령 이마의 주름은 걱정, 근심, 또는 오랫동안 고생했다는 느낌을 준다. 그러나 일명 까치발(crow's feet)이라고 하는 눈가 주름은 자주 웃는 사람들에게 많이 나타나는 주름이기 때문에 다른 사람에 좋은 인상을 주는 주름이다.

피부는 신경과 밀접하게 연결된다

생물학적인 관점에서 우리 피부 특히 표층에 존재하는 세포들은 배발생 과정에서 외배엽 계통(ectodermal lineage)에 속하는데, 뇌에 존재하는 신경 세포도 같은 계통이다. 즉 우리의 피부와 신경은 밀접하게 연결되어 있는 것이다. 우리의 피부에는 감각 신경이 분포되어 있기 때문에 다양한 내/외부 자극을 받아들인다. 피부 세포들은 외부자극에 반응하여 특정 물질들을 분비하며, 이 물질들은 감각 신경을 조절할 수 있다. 이 감각 신경들은 다시 특정 물질들을 분비하여 혈류를 타고 피부 세포에 지시를 내리며, 피부가 반응하게 한다.

뉴로코스메틱의 도입

일반적으로 화장품은 효능 있는 소재를 포함하여, 이 소재들이 표피, 진피층으로 전달하며 피부를 개선하는 것이 목적이다. 그러나 이러한 목적을 달성하려면 소재들이 피부 장벽을 거쳐 진피층까지 도달해야 한다. 이는 피부가 미생물의 침입을 잘 차단하는 장점이 있다는 점을 놓고 봤을 때 어려움이 있을 수밖에 없다.

이러한 어려운 점을 해결하고자 뉴로코스메틱이라는 새로운 개념의 화장품 기술 컨셉이 도입되었다. 이는 뇌를 연결하는 신경전달 물질을 통해서 피부세포의 반응을 이끌어내어 피부의 개선을 돕는다는 개념

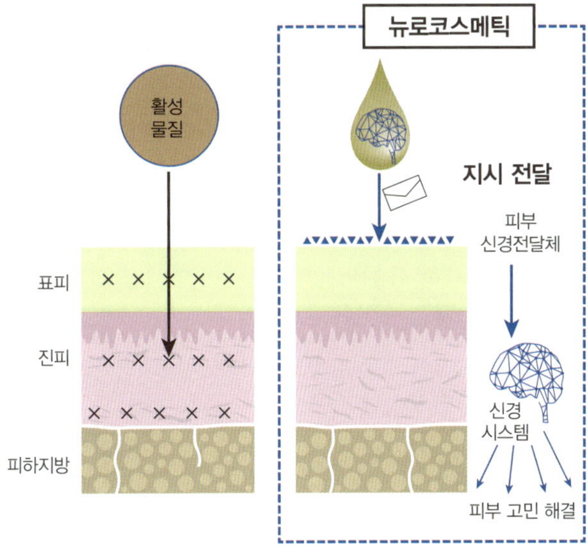

그림 22 일반 코스메틱과 뉴로코스메틱 비교

이다. 신경이 피부와 연결되어 있고, 다양한 감정 변화가 피부에 영향을 미칠 수 있다는 생각을 기반으로 하고 있다. 특정 활성 성분이 뇌와 접촉할 때 기분에 영향을 미칠 수 있기 때문이다.

엔도르핀과 피부

우리에게는 행복감을 느끼게 하는 4종류의 호르몬은 도파민(dopamine), 옥시토신(oxytocin), 세로토닌(serotonin), 엔도르핀(endorphin)이 있다.

이 중에서 엔도르핀은 몸속이라는 의미 엔도(endo)와 모르핀(morphine)의 합성어로 신체 내에서 생성된 잘 알려진 진통제이다. 신경전달 물질을 분비하는 신경세포가 피부 진피에 분포하는데, 엔도르핀은

표 4 행복 호르몬 종류와 역할

행복 호르몬 종류	주요 역할
도파민	운동기능, 동기부여, 뇌하수체 호르몬 조절
옥시토신	사랑호르몬, 상대방에 대한 유대감/신뢰/배려심, 출산을 돕는 호르몬/모유 분비 촉진
세로토닌	기분이 밝아지고 행복감이 넘치는 상태, 기억력과 집중력 및 수면 개선
엔도르핀	자연 진통 물질로 신경전달 물질을 차단, 운동/흥분상태/통증에 관여

염증을 유발하는 펩타이드를 억제함으로써 피부 염증 및 가려움을 억제한다. 또 상처 치유, 항산화 기능 등도 개선시켜 결과적으로는 피부 노화를 억제하는 데 기여한다.

뉴로코스메틱 연구의 성과들

현재 세계적인 소재 기업인 BASF, CODIF, Sederma 회사들은 신경과 관련된 기전을 보유하면서, 피부에 영향을 미치는 다양한 소재들을 발굴 및 개발하였으며, 이미 유럽에서는 뉴로코스메틱이 적용된 제품들이 출시되고 있다. 자율신경 시스템의 최면 유발 작용으로 수면의 질을 향상시키는 제품, 바이오 모사 기반 스트레스 억제 펩타이드가 신경전달체 방출 및 생성을 억제해 신경성 염증을 제어하고, 홍조를 완화시켜 피부를 편안하게 한다는 제품, 신경전달물질인 감마 아미노브티르산(γ-aminobutyric acid, GABA)과 아세틸 뉴라민산(N-acetyl-neuraminic acid)이 피부 밸런스를 건강하게 만드는 것을 돕는다는 제품, 신경 펩타이드가 함유된 에센셜 오일로 긴장을 완화시키고 숙면을 유도하는 데 효과적이라는 제품 등 다양한 특장점을 강조하고 있다.

신경전달물질 Substance P이 미백에 미치는 영향

Substance P(SP)는 정신적, 육체적 대내외 스트레스 상황에서 분비되는 것으로 잘 알려진 신경전달물질이다. 상처가 일반적으로 회복 과정에서 색소침착 또는 색소 불균형 상태가 유발되기에, 상처 치유 과정 동안 분비되는 SP가 색소침착 유발 원인이 되는지를 멜라닌형성세포를 활용하여 연구하였다. 그 결과 SP가 처리된 인간 멜라닌형성세포에서, SP의 농도에 따라서 멜라닌 생성 관련 유전자 및 단백질의 발현이 현저하게 증가함을 확인하였다. 이러한 결과는 뉴로코스메틱 관점에서 신경전달물질이 향후 스트레스성 피부의 색소침착 또는 피부 상처 회복 과정에서 발생하는 색소침착에 대한 개선으로 조절 대상이 될 수 있음을 제시한다.

최근 일본의 글로벌 화장품 업체인 시세이도 연구팀이 18세와 50세를 대상으로 피부와 신경 간 상호작용을 이미징하여 발표하였다. 그 결과 18세의 뇌와 피부 간의 상호작용하는 네트워크는 상당히 촘촘하게 엮여 있음을 확인할 수 있었지만, 50세의 피부와 신경 간 상호작용의 네트워크가 상당히 훼손되어 있었다. 이는 뇌-피부 네트워크가 피부 노화 상태에 중요하다는 일례이다.

뉴로코스메틱의 전망과 한계

현재까지 매우 복잡한 피부의 신경 생리학의 모든 비밀이 아직 밝혀지지는 않았다. 피부는 cm^2당 800,000개 이상의 신경과 11미터의 신경 및 약 200개의 감각 수용체를 포함한다. 신경 과학 및 뉴로코스메틱 분야의 응용을 위한 피부 잠재력은 광범위한 응용 분야를 창출할 것으로 판단되며, 신경 과학의 과학적 진보는 신경계, 뇌 및 피부 건강 사이의 연결 고리를 더 잘 이해할 수 있게 해줄 것이다. 뇌와 소통하는 반응성 물질은 화장품 업계의 매력적인 연구 대상으로, 피부 관리를 넘어 기존의 치료법과 더 좋은 시너지 효과를 낼 것으로 기대된다.

그러나 뉴로코스메틱스는 한계점도 가지고 있다. 토너, 세럼, 크림 등 화장품의 제형은 무궁무진하다. 따라서 신경전달 물질의 효능을 모사할 수 있는 좋은 천연물 유래 소재를 발굴하더라도, 이를 효율적으로 모든 제형에 적용하기 어렵다. 또 아직까지는 개개인마다 해당 성분이 어떻게 작용할지에 대한 구체적이고 지속적인 연구가 부족한 실정이다.

앞으로는 개인별 마인드 컨디션과 피부 관리 이력, 생애 주기를 아울러 뉴로코스메틱 화장품 소재가 피부 속 깊이 작용하도록 세부적인 연구 및 개발이 중요하다. 이를 위해서 뇌와 피부 영상 장치를 활용한 ICT와의 융합적인 연구가 어느 정도 도움을 줄 것으로 기대하고 있다.

13

태양광이 피부에 미치는 다양한 영향

태양광은 지구 생태계에 매우 중요한 존재로, 다양한 생리적인 활성 조절에 영향을 준다. 태양광은 하나의 빛으로 보이지만, 그 파장에 따라 여러 영역으로 분류할 수 있다. 먼저 파장이 짧은(380 nm 이하) 자외선(ultraviolet)은 피부 노화를 촉진하는 것으로 알려졌다. 파장이 780 nm 이상으로 길면 적외선(infrared light)이라고 한다. 그 사이, 즉 380~750 nm의 태양광이 사람의 눈에 보이는 가시광선(visible light)이 된다. 가시광선은 잘 알다시피 빨강, 주황, 노랑, 초록, 파랑, 남색, 보라색으로 7가지 무지개색을 이루고 있으며, 자외선과 달리 가시광선은 피하지방까지 침투할 수 있다.

미국의 오래된 유명한 시리즈인 스타트렉(Star Trek)이란 영화에는, 주인공이 빛을 사용하여 상처를 치료하는 장면이 있다. 이를 광 치료(phototherapy)라고 부르며, 최근에는 실제로 이에 대한 기초 연구 및 임상적인 효능 연구 결과들이 증가하고 있다. 비록 영화였지만, 당시 과학적 수준에서 빛을 활용한다는 점은 매우 풍부한 상상력임에 틀림없다.

자외선과 적외선

지금까지 연구된 빛의 효과에 관한 연구에 따르면, 피부 노화를 유발하는 자외선도 일부분 긍정적인 효능이 있다. 피부에서 비타민 D 합성이 자외선으로부터 시작되는 것은 앞서 이미 언급하였다. 이외에 흔히 식당 같은 곳에서 컵을 자외선 살균기에 넣어 보관하는 것을 볼 수 있다. 이는 자외선의 살균 및 항균 효과를 이용한 것이다. 자외선은 노폐물 제거나 건선 치료에도 효과가 있다. 적외선은 피부 완화, 혈관 확장 및 혈액 순환 증가, 신진대사 촉진, 근육 통증 완화 등에 효과가 있다고 발표되었다.

가시광선이 피부에 미치는 영향

한편, 우리가 눈으로 식별할 수 있는 각각의 가시광선이 우리 피부에 주는 효과에 관해 흥미로운 연구 결과들이 발표되었다. 가시광선을 받아들이려면 광수용체(photoreceptor)가 존재해야 한다. 일본 유명 화장품업체인 시세이도의 Mitsuhiro Denda 연구 그룹은 우리 피부에도 색을 식별할 수 있으며, 다양한 인자를 받아들이는 광수용체가 존재할 것이라고 제안하였다.

빨간색 빛을 피부 표피에 조사했을 때 세포간 지질 분비가 촉진된 반면에 파랑색 빛을 받은 표피에서는 세포간 지질의 분비가 억제되는 현상을 발견한 것이다. 다양한 각 가시광선에 관한 연구들이 발표되었는데, 빨간색(파장 630~750 nm) 빛은 세포의 활성화를 유도하며, 손상된 DNA를 회복하는 등 세포 재생 및 근육 조직 이완의 긍정적인 영향을 주는 것으로 밝혀졌다.

주황빛(파장 590~630 nm)은 신진대사를 촉진하며, 튼살 관리, 민감성 피부를 개선하는 효능을 보여준다. 노란빛(파장 570~590 nm)은 슬리밍과 튼살 개선, 신경 자극, 피부의 조기 노화 예방의 효능을 보여주었다. 녹색 빛(파장 490~570 nm)은 홍반 및 반점 등 색소 개선, 신경 안정 등의 효능을 보여주었으며, 파란빛(파장 450~490 nm)은 열 진정 효과와 더불어 여드름균을 죽이는 효과를 가지고 있다. 물론 블루라이트를 차단하는 애플리케이션이 있듯이, 파란빛은 피부 노화를 촉진하는 성질도 있어서 무턱대고 사용하지는 않아야 한다.

남색빛(파장 420~450 nm)의 경우에는 림프절 자극, 부종 완화 효과가 있다고 하며, 보라색 빛(파장 380~420 nm)은 피부 각질형성세포의 분화를 조절하는 역할을 한다고 밝혀졌다.

표 5 각 태양광 빛의 다양한 장점

빛의 종류	장점
자외선	비타민 D 합성, 살균 및 항균 효과, 노폐물 제거, 건선 치료
적외선	피부 완화, 혈관 확장 및 혈액 순환 증가, 신진대사 촉진, 근육통 완화
빨강	세포 재생, 손상된 DNA 회복, 근육 조직 이완
주황	신진 대사 촉진, 튼살 관리, 민감성 피부 개선
노랑	슬리밍, 튼살 개선, 신경 자극, 피부 조기 노화 예방
초록	홍반 및 반점 등의 색소 개선, 신경 안정
파랑	열 진정 효과, 여드름균 제거
남색	림프절 자극, 부종 완화
보라	피부 각질형성세포 분화

LED 라이트 미용기기를 건강하게 사용하려면

최근 몇 년 사이에 빛을 사용한 미용기기 시장이 폭발적으로 성장하였다. 동전이 양면으로 되어있는 것처럼, 일상생활에 영향을 주는 각 파장의 빛도 자외선을 보듯이 긍정적인 면과 부정적인 면을 가지는 양면성을 보인다. 따라서 빛의 세기, 사용 시간 등을 조절하여 어떻게 효율적으로 피부에 긍정적인 영향을 미칠 수 있을지를 결정하는 것이 중요하다. 최근 폭발적인 인기를 보이는 LED 미용기기 시장은 근적외선이나 적색광을 기반으로 하는데, 각 기기의 차이 역시 LED의 숫자 및 세기, 노출시간 등을 다르게 한 것이다. 앞에서 언급했듯이, 근적외선과 적색광이 각각 피부의 항노화 효과에 좋은 결과가 관찰되었으며, 그와 관련된 분자적인 기전들도 일부 규명되었다.

다만 과유불급이라고 하여, 이러한 미용기기를 과도하게 했을 때 오히려 기미나 잡티 같은 피부트러블이 늘어났다는 보고도 있었다. 따라서 각 미용기기의 광 세기 및 사용 시간 등에 대해서 적절한 사용이 요구된다. 또한 미용기기를 제조 판매하는 기업은 오랜 기간 관찰하여, 임상적으로 반드시 신뢰할 수 있는 데이터를 기반으로 하는 과학적 근거를 보유한 미용기기를 제품 출시해야 할 것이다.

참고문헌

1장. 피부과학 이야기

01 바이오 화장품이란?

1) Biocosmetics: technological advances and future outlook. Goyal N, Jerold F. Environ Sci Pollut Res Int. 2023 Feb;30(10):25148-25169.
2) 화장품 한류의 미래 바이오 화장품이 이끈다, 윤수영, LG Business Insight 2015 5 27, 17-23.
3) 2019년 화장품산업 분석 보고서, 한국보건산업진흥원, 2019, 1-71.

02 피부조직은 3층 집 구조물

1) The dynamic anatomy and patterning of skin. Wong R, Geyer S, Weninger W, Guimberteau JC, Wong JK. Exp Dermatol. 2016 Feb;25(2):92-8.
2) Basic histological structure and functions of facial skin. Arda O, Göksügür N, Tüzün Y. Clin Dermatol. 2014 Jan-Feb;32(1):3-13.

03 피부의 다양한 생리 기능

1) The Impact of Vitamin D on Skin Aging. Bocheva G, Slominski RM, Slominski AT. Int J Mol Sci. 2021 Aug 23;22(16):9097.
2) The Dynamics of the Skin's Immune System. Nguyen AV, Soulika AM. Int J Mol Sci. 2019 Apr 12;20(8):1811.
3) Physiology of sweat gland function: The roles of sweating and sweat composition in human health. Baker LB. Temperature (Austin). 2019 Jul 17;6(3):211-259.

4) The relationship between skin function, barrier properties, and body-dependent factors. Dąbrowska AK, Spano F, Derler S, Adlhart C, Spencer ND, Rossi RM. Skin Res Technol. 2018 May;24(2):165-174.

04 피부에 수분을 공급해주는 보습

1) The science behind skin care: Moisturizers. Draelos ZD. J Cosmet Dermatol. 2018 Apr;17(2):138-144.

2) Building and Maintaining the Skin. Hsu YC, Fuchs E.Cold Spring Harb Perspect Biol. 2022 Jul 1;14(7):a040840.

05 아시아 여성들의 관심사, 미백

1) Recent development of signaling pathways inhibitors of melanogenesis. Pillaiyar T, Manickam M, Jung SH. Cell Signal. 2017 Dec;40:99-115.

2) Rhododendrol-induced leukoderma update I: Clinical findings and treatment. Matsunaga K, Suzuki K, Ito A, Tanemura A, Abe Y, Suzuki T, Yoshikawa M, Sumikawa Y, Yagami A, Masui Y, Inoue S, Ito S, Katayama I. J Dermatol. 2021 Jul;48(7):961-968.

06 바디쉐이핑과 슬리밍

1) Skin aging: are adipocytes the next target? Kruglikov IL, Scherer PE. Aging (Albany NY). 2016 Jul;8(7):1457-69.

2) Adipose-derived cellular and cell-derived regenerative therapies in dermatology and aesthetic rejuvenation. Suh A, Pham A, Cress MJ, Pincelli T, TerKonda SP, Bruce AJ, Zubair AC, Wolfram J, Shapiro SA. Ageing Res Rev. 2019 Sep;54:100933.

07 외모의 시작, 두피: 유형별 관리

1) The human hair: from anatomy to physiology. Buffoli B, Rinaldi F, Labanca M, Sorbellini E, Trink A, Guanziroli E, Rezzani R, Rodella LF. Int J Dermatol. 2014 Mar;53(3):331-41.

2) The hair follicle as a dynamic miniorgan. Schneider MR, Schmidt-Ullrich R, Paus R. Curr Biol. 2009 Feb 10;19(3):R132-42.

08 현대인의 골칫거리, 탈모

1) Molecular Mechanisms of Hair Growth and Regeneration: Current Understanding and Novel Paradigms. Houschyar KS, Borrelli MR, Tapking C, Popp D, Puladi B, Ooms M, Chelliah MP, Rein S, Pförringer D, Thor D, Reumuth G, Wallner C, Branski LK, Siemers F, Grieb G, Lehnhardt M, Yazdi AS, Maan ZN, Duscher D. Dermatology. 2020;236(4):271-280.
2) Molecular Mechanisms of Hair Growth and Regeneration: Current Understanding and Novel Paradigms. Houschyar KS, Borrelli MR, Tapking C, Popp D, Puladi B, Ooms M, Chelliah MP, Rein S, Pförringer D, Thor D, Reumuth G, Wallner C, Branski LK, Siemers F, Grieb G, Lehnhardt M, Yazdi AS, Maan ZN, Duscher D. Dermatology. 2020;236(4):271-280.
3) Comparison of oral minoxidil, finasteride, and dutasteride for treating androgenetic alopecia. Gupta AK, Talukder M, Williams G. J Dermatolog Treat. 2022 Nov;33(7):2946-2962.
4) 소대섭, 이봉진, 탈모방지 화장품 시장동향, 공업화학 전망, 제22권 제1호, 2019, 12-22.

09 일상생활의 필수품, 자외선 차단제와 광노화

1) Facial skin ageing: Key concepts and overview of processes. Zargaran D, Zoller F, Zargaran A, Weyrich T, Mosahebi A. Int J Cosmet Sci. 2022 Aug;44(4):414-420.
2) UV radiation and the skin. D'Orazio J, Jarrett S, Amaro-Ortiz A, Scott T. Int J Mol Sci. 2013 Jun 7;14(6):12222-48.
3) Natural and sun-induced aging of human skin. Rittié L, Fisher GJ. Cold Spring Harb Perspect Med. 2015 Jan 5;5(1):a015370.
4) A review of inorganic UV filters zinc oxide and titanium dioxide. Schneider SL, Lim HW. Photodermatol Photoimmunol Photomed. 2019 Nov;35(6):442-446.
5) Modulation of skin collagen metabolism in aged and photoaged human skin in vivo. Chung JH, Seo JY, Choi HR, Lee MK, Youn CS, Rhie G, Cho KH, Kim KH, Park KC, Eun HC. J Invest Dermatol. 2001 Nov;117(5):1218-24.

6) Sunscreens: An Update. Mancuso JB, Maruthi R, Wang SQ, Lim HW. Am J Clin Dermatol. 2017 Oct;18(5):643-650.

10 열노화

1) Heat shock-induced matrix metalloproteinase (MMP)-1 and MMP-3 are mediated through ERK and JNK activation and via an autocrine interleukin-6 loop. Park CH, Lee MJ, Ahn J, Kim S, Kim HH, Kim KH, Eun HC, Chung JH. J Invest Dermatol. 2004 Dec;123(6):1012-9.

2) Heat modulation of tropoelastin, fibrillin-1, and matrix metalloproteinase-12 in human skin in vivo. Chen Z, Seo JY, Kim YK, Lee SR, Kim KH, Cho KH, Eun HC, Chung JH. J Invest Dermatol. 2005 Jan;124(1):70-8.

3) Transient receptor potential vanilloid-1 mediates heat-shock-induced matrix metalloproteinase-1 expression in human epidermal keratinocytes. Li WH, Lee YM, Kim JY, Kang S, Kim S, Kim KH, Park CH, Chung JH. J Invest Dermatol. 2007 Oct;127(10):2328-35.

4) Effects of infrared radiation and heat on human skin aging in vivo. Cho S, Shin MH, Kim YK, Seo JE, Lee YM, Park CH, Chung JH. J Investig Dermatol Symp Proc. 2009 Aug;14(1):15-9.

5) The role of TRPV1 channel in aged human skin. Lee YM, Kang SM, Chung JH. J Dermatol Sci. 2012 Feb;65(2):81-5.

6) 신규한 TRPV1 억제 펩티드 및 이를 함유하는 피부노화 방지 또는 주름 개선용 조성물, 서울대학교산학협력단, 정진호 외 4인, 특허 1017847660000.

2장. 바이오 화장품의 항노화 기술

01 피부 노화의 원인이자 피부의 적, 활성 산소

1) Oxidative stress in the skin: Impact and related protection. Chen J, Liu Y, Zhao Z, Qiu J. Int J Cosmet Sci. 2021 Oct;43(5):495-509.

2) Oxidative stress in aging human skin. Rinnerthaler M, Bischof J, Streubel MK, Trost A, Richter K. Biomolecules. 2015 Apr 21;5(2):545-89.

02 생명현상의 통합적 이해, 시스템생물학

1) Systems cell biology. Mast FD, Ratushny AV, Aitchison JD. J Cell Biol. 2014 Sep 15;206(6):695–706.

2) Systems biology meets –omic technologies: novel approaches to biomarker discovery and companion diagnostic development. Caberlotto L, Lauria M. Expert Rev Mol Diagn. 2015 Feb;15(2):255–65.

3) Overview of Systems Biology and Omics Technologies. Karahalil B. Curr Med Chem. 2016;23(37):4221–4230.

4) 2022 32th International Federation of Societies of Cosmetic Chemists (IFSCC), London

03 생명연장의 꿈, 장수 유전자

1) Interventions to Slow Aging in Humans: Are We Ready? Longo VD, Antebi A, Bartke A, Barzilai N, Brown–Borg HM, Caruso C, Curiel TJ, de Cabo R, Franceschi C, Gems D, Ingram DK, Johnson TE, Kennedy BK, Kenyon C, Klein S, Kopchick JJ, Lepperdinger G, Madeo F, Mirisola MG, Mitchell JR, Passarino G, Rudolph KL, Sedivy JM, Shadel GS, Sinclair DA, Spindler SR, Suh Y, Vijg J, Vinciguerra M, Fontana L. Aging Cell. 2015 Aug;14(4):497–510.

2) Calorie restriction promotes mammalian cell survival by inducing the SIRT1 deacetylase. Cohen HY, Miller C, Bitterman KJ, Wall NR, Hekking B, Kessler B, Howitz KT, Gorospe M, de Cabo R, Sinclair DA. Science. 2004 Jul 16;305(5682):390–2.

3) Sirt1 promotes fat mobilization in white adipocytes by repressing PPAR–gamma. Picard F, Kurtev M, Chung N, Topark–Ngarm A, Senawong T, Machado De Oliveira R, Leid M, McBurney MW, Guarente L. Nature. 2004 Jun 17;429(6993):771–6.

4) Association of FOXO3A variation with human longevity confirmed in German centenarians. Flachsbart F, Caliebe A, Kleindorp R, Blanché H, von Eller–Eberstein H, Nikolaus S, Schreiber S, Nebel A. Proc Natl Acad Sci U S A. 2009 Feb 24;106(8):2700–5.

5) A PTEN variant uncouples longevity from impaired fitness in Caenorhabditis elegans with reduced insulin/IGF-1 signaling. Park HH, Hwang W, Ham S, Kim E, Altintas O, Park S, Son HG, Lee Y, Lee D, Heo WD, Lee SV. Nat Commun. 2021 Sep 24;12(1):5631.

6) Klotho as a regulator of oxidative stress and senescence. Kuro-o M. Biol Chem. 2008 Mar;389(3):233-41.

04 생명의 수명한도를 결정하는 텔로미어

1) Telomeres: history, health, and hallmarks of aging. Chakravarti D, LaBella KA, DePinho RA. Cell. 2021 Jan 21;184(2):306-322.

2) Human telomere biology: A contributory and interactive factor in aging, disease risks, and protection. Blackburn EH, Epel ES, Lin J. Science. 2015 Dec 4;350(6265):1193-8.

3) Basal cortisol, cortisol reactivity, and telomere length: A systematic review and meta-analysis. Jiang Y, Da W, Qiao S, Zhang Q, Li X, Ivey G, Zilioli S. Psychoneuroendocrinology. 2019 May;103:163-172.

05 후천적으로 바꿀 수 있는 후성유전학

1) DNA methylation-based age clocks: From age prediction to age reversion. Noroozi R, Ghafouri-Fard S, Pisarek A, Rudnicka J, Spólnicka M, Branicki W, Taheri M, Pośpiech E. Ageing Res Rev. 2021 Jul;68:101314.

2) DNA methylation and healthy human aging. Jones MJ, Goodman SJ, Kobor MS. Aging Cell. 2015 Dec;14(6):924-32.

3) Epigenetic transgenerational actions of endocrine disruptors and male fertility. Anway MD, Cupp AS, Uzumcu M, Skinner MK. Science. 2005 Jun 3;308(5727):1466-9.

4) In utero effects. In utero undernourishment perturbs the adult sperm methylome and intergenerational metabolism. Radford EJ, Ito M, Shi H, Corish JA, Yamazawa K, Isganaitis E, Seisenberger S, Hore TA, Reik W, Erkek S, Peters AHFM, Patti ME, Ferguson-Smith AC. Science. 2014 Aug 15;345(6198):1255903.

06 우리의 일상을 지배하는 생체시계

1) The Impact of the Circadian Clock on Skin Physiology and Cancer Development. Lubov JE, Cvammen W, Kemp MG. Int J Mol Sci. 2021 Jun 6;22(11):6112.

2) Cracking the Clock: Ronald J. Konopka and Seymour Benzer. Hardcastle M. Proc Natl Acad Sci U S A. 2021 Sep 28;118(39):e2115546118.

3) Biological Rhythms in the Skin. Matsui MS, Pelle E, Dong K, Pernodet N. Int J Mol Sci. 2016 May 24;17(6):801.

4) Drosophila free-running rhythms require intercellular communication. Peng Y, Stoleru D, Levine JD, Hall JC, Rosbash M. PLoS Biol. 2003 Oct;1(1):E13.

07 세포의 기원: 줄기세포

1) Stem cells: past, present, and future. Zakrzewski W, Dobrzyński M, Szymonowicz M, Rybak Z. Stem Cell Res Ther. 2019 Feb 26;10(1):68.

2) 내 몸 안의 줄기세포는 무슨 역할을 할까? 김재호, 제9회 경암바이오유스캠프, 1-5.

3) Skin stem cells in health and in disease. Hsu YC, Rendl M.Exp Dermatol. 2021 Apr;30(4):424-429.

4) Epidermal stem cells of the skin. Blanpain C, Fuchs E. Annu Rev Cell Dev Biol. 2006;22:339-73.

5) Plant cell culture as emerging technology for production of active cosmetic ingredients. Georgiev V, Slavov A, Vasileva I, Pavlov A. Eng Life Sci. 2018 Jul 15;18(11):779-798.

08 세포 스스로를 보호하는 자가포식

1) Historical landmarks of autophagy research. Ohsumi Y. Cell Res. 2014 Jan;24(1):9-23.

2) Autophagy pathway: Cellular and molecular mechanisms. Yu L, Chen Y, Tooze SA. Autophagy. 2018;14(2):207-215.

3) Biomarkers, oxidative stress and autophagy in skin aging. Gu Y, Han J, Ji-

ang C, Zhang Y. Ageing Res Rev. 2020 May;59:101036.

4) Antiaging and antioxidant effects of topical autophagy activator: A randomized, placebo-controlled, double-blinded study. Lim J, Lim CJ, Kim S, Nam G, Chang M, Park K, Park K, Kim HJ, Ahn JK, Jeong S. J Cosmet Dermatol. 2019 Feb;18(1):197-203.

5) Aquatide Activation of SIRT1 Reduces Cellular Senescence through a SIRT1-FOXO1-Autophagy Axis. Lim CJ, Lee YM, Kang SG, Lim HW, Shin KO, Jeong SK, Huh YH, Choi S, Kor M, Seo HS, Park BD, Park K, Ahn JK, Uchida Y, Park K.Biomol Ther (Seoul). 2017 Sep 1;25(5):511-518.

09 신개념의 항노화 접근 방법: 세놀리틱스와 역노화

1) Senescence and the SASP: many therapeutic avenues. Birch J, Gil J. Genes Dev. 2020 Dec 1;34(23-24):1565-1576.

2) Senolytic drugs: from discovery to translation. Kirkland JL, Tchkonia T. J Intern Med. 2020 Nov;288(5):518-536.

3) Clearance of p16Ink4a-positive senescent cells delays ageing-associated disorders. Baker DJ, Wijshake T, Tchkonia T, LeBrasseur NK, Childs BG, van de Sluis B, Kirkland JL, van Deursen JM. Nature. 2011 Nov 2;479(7372):232-6.

4) Senolytics improve physical function and increase lifespan in old age. Xu M, Pirtskhalava T, Farr JN, Weigand BM, Palmer AK, Weivoda MM, Inman CL, Ogrodnik MB, Hachfeld CM, Fraser DG, Onken JL, Johnson KO, Verzosa GC, Langhi LGP, Weigl M, Giorgadze N, LeBrasseur NK, Miller JD, Jurk D, Singh RJ, Allison DB, Ejima K, Hubbard GB, Ikeno Y, Cubro H, Garovic VD, Hou X, Weroha SJ, Robbins PD, Niedernhofer LJ, Khosla S, Tchkonia T, Kirkland JL. Nat Med. 2018 Aug;24(8):1246-1256.

5) The potential skin-lightening candidate, senolytic drug ABT263, for photoageing pigmentation. Park JH, Yoon JE, Kim YH, Kim Y, Park TJ, Kang HY. Br J Dermatol. 2022 Apr;186(4):740-742.

6) Loss of epigenetic information as a cause of mammalian aging. Yang JH et al. Cell. 2023 Jan 19;186(2):305-326.e27.

7) Multi-omic rejuvenation of human cells by maturation phase transient reprogramming. Gill D, Parry A, Santos F, Okkenhaug H, Todd CD, Hernando-Herraez I, Stubbs TM, Milagre I, Reik W.Elife. 2022 Apr 8;11:e71624.

8) Diverse partial reprogramming strategies restore youthful gene expression and transiently suppress cell identity. Roux AE, Zhang C, Paw J, Zavala-Solorio J, Malahias E, Vijay T, Kolumam G, Kenyon C, Kimmel JC.Cell Syst. 2022 Jul 20;13(7):574-587.e11.

9) Chemical induced conversion of mouse fibroblasts and human adipose-derived stem cells into skeletal muscle-like cells. Bansal V, De D, An J, Kang TM, Jeong HJ, Kang JS, Kim KK. Biomaterials. 2019 Feb;193:30-46.

10) Inhibition of 3-phosphoinositide-dependent protein kinase 1 (PDK1) can revert cellular senescence in human dermal fibroblasts. An S, Cho SY, Kang J, Lee S, Kim HS, Min DJ, Son E, Cho KH.Proc Natl Acad Sci U S A. 2020 Dec 8;117(49):31535-31546.

11) Kaempferol tetrasaccharides restore skin atrophy via PDK1 inhibition in human skin cells and tissues: Bench and clinical studies. Kim J, Kim HS, Choi DH, Choi J, Cho SY, Kim SH, Baek HS, Yoon KD, Son SW, Son ED, Hong YD, Ko J, Cho SY, Park WS.Biomed Pharmacother. 2022 Dec;156:113864.

3장. 바이오 화장품의 솔루션 소재와 스토리텔링

01 나고야의정서에 따른 국내 천연물 개발의 필요성

1) 국립생물자원관, ABSCH 유전자원정보관리센터 홈페이지

02 스토리텔링 - 고객들을 사로잡는 이야기 -

1) 키엘홈페이지 https://www.kiehls.com/heritage.html

2) 록시땅 홈페이지 https://group.loccitane.com/?l=en

3) 아모레퍼시픽 홈페이지 https://www.apgroup.com/int/ko/index.html

03 선조들의 전통에서 찾는 소재들의 현대과학화

1) 국사편찬위원회, 우리역사넷 홈페이지
http://contents.history.go.kr/front/km/print.do?levelId=km_009_0080_0010_0010&whereStr=
2) 한국민족문화대백과사전
https://encykorea.aks.ac.kr/Article/E0019974

04 전통에서 찾는 발효 소재

1) Health benefits of kimchi (Korean fermented vegetables) as a probiotic food. Park KY, Jeong JK, Lee YE, Daily JW 3rd.J Med Food. 2014 Jan;17(1):6-20.
2) [화장품 빅데이터 분석], 발효 화장품 인사이트코리아 Deep MininG.

05 주름을 해결하는 독소, 보톡스

1) Botulinum Toxin in Aesthetic Medicine: Myths and Realities. Dover JS, Monheit G, Greener M, Pickett A.Dermatol Surg. 2018 Feb;44(2):249-260.
2) Interneuronal Transfer and Distal Action of Tetanus Toxin and Botulinum Neurotoxins A and D in Central Neurons. Bomba-Warczak E, Vevea JD, Brittain JM, Figueroa-Bernier A, Tepp WH, Johnson EA, Yeh FL, Chapman ER. Cell Rep. 2016 Aug 16;16(7):1974-87.
3) 아산병원 홈페이지
https://amc.seoul.kr/asan/healthinfo/management/managementDetail.do?managementId=538

06 보습의 끝판 왕 히알루론산

1) Kawada, C., Yoshida, T., Yoshida, H. et al (2014). Ingested hyaluronan moisturizes dry skin. Nutr J 13, 70.
2) Gupta, R. C., Lall, R., Srivastava, A., & Sinha, A. (2019). Hyaluronic Acid: Molecular Mechanisms and Therapeutic Trajectory. Frontiers in veterinary science, 6, 192.
3) Steffen Oesser (2020). The oral intake of specific Bioactive Collagen Peptides has a positive effect on hair thickness. Nutrafoods, 1,134-138.

07 독보적인 안티에이징 성분, 레티놀

1) Restoration of collagen formation in photodamaged human skin by tretinoin (retinoic acid). Griffiths CE, Russman AN, Majmudar G, Singer RS, Hamilton TA, Voorhees JJ. N Engl J Med. 1993 Aug 19;329(8):530-5.

2) Retinoic acid and pigment cells: a review of in-vitro and in-vivo studies. Ortonne JP. Br J Dermatol. 1992 Sep;127 Suppl 41:43-7.

3) The retinoic acid-induced up-regulation of insulin-like growth factor 1 and 2 is associated with prolidase-dependent collagen synthesis in UVA-irradiated human dermal equivalents. Shim JH, Shin DW, Lee TR, Kang HH, Jin SH, Noh M. J Dermatol Sci. 2012 Apr;66(1):51-9.

08 대량 생산 가능한 식물소재 배양의 핵심, 캘러스

1) Callus, Dedifferentiation, Totipotency, Somatic Embryogenesis: What These Terms Mean in the Era of Molecular Plant Biology? Fehér A. Front Plant Sci. 2019 Apr 26;10:536.

2) Plant callus: mechanisms of induction and repression. Ikeuchi M, Sugimoto K, Iwase A. Plant Cell. 2013 Sep;25(9):3159-73.

3) Gene delivery strategies for therapeutic proteins production in plants: Emerging opportunities and challenges. Peng LH, Gu TW, Xu Y, Dad HA, Liu JX, Lian JZ, Huang LQ. Biotechnol Adv. 2022 Jan-Feb;54:107845.

4) Traditional in vitro strategies for sustainable production of bioactive compounds and manipulation of metabolomic profile in medicinal, aromatic and ornamental plants. Niazian M, Sabbatini P. Planta. 2021 Oct 30;254(6):111.

09 신규 프리미엄 원료, 엑소좀

1) Vesicle formation during reticulocyte maturation. Association of plasma membrane activities with released vesicles (exosomes). Johnstone RM, Adam M, Hammond JR, Orr L, Turbide C. J Biol Chem. 1987 Jul 5;262(19):9412-20.

2) Plant extracellular vesicles. Cui Y, Gao J, He Y, Jiang L. Protoplasma. 2020

Jan;257(1):3-12.

3) The exosome journey: from biogenesis to uptake and intracellular signalling. Gurung S, Perocheau D, Touramanidou L, Baruteau J. Cell Commun Signal. 2021 Apr 23;19(1):47.

4) The novel mechanisms and applications of exosomes in dermatology and cutaneous medical aesthetics. Xiong M, Zhang Q, Hu W, Zhao C, Lv W, Yi Y, Wang Y, Tang H, Wu M, Wu Y. Pharmacol Res. 2021 Apr;166:105490.

5) 바이오솔루션 홈페이지 https://biosolutions.co.kr

6) 장업신문, [학술기고]화장품 미래성장 동력 '엑소좀' 그 시작과 연구현황, 강희철

10 생체 내에 존재하는 대사체

1) 대사체학: 바이오마커를 너머 기전을 향하여, 김재환, BRIC View 2017-R39. 1-11.

2) Fructose 1, 6-diphosphate regulates desmosomal proteins and collagen fibres in human skin equivalents. Choi H, Yang SH, Bae IH, Park JY, Kim HJ, Noh M, Lee TR, Shin DW. Exp Dermatol. 2013 Dec;22(12):847-9.

11 공생 관계의 솔루션 피부 마이크로바이옴

1) Microbiome and Human Aging: Probiotic and Prebiotic Potentials in Longevity, Skin Health and Cellular Senescence. Boyajian JL, Ghebretatios M, Schaly S, Islam P, Prakash S. Nutrients. 2021 Dec 18;13(12):4550.

2) Application and mechanism of probiotics in skin care: A review. Yu J, Ma X, Wang X, Cui X, Ding K, Wang S, Han C. J Cosmet Dermatol. 2022 Mar;21(3):886-894.

Microbiota and maintenance of skin barrier function. Harris-Tryon TA, Grice EA. Science. 2022 May 27;376(6596):940-945.

3) The human skin microbiome. Byrd AL, Belkaid Y, Segre JA. Nat Rev Microbiol. 2018 Mar;16(3):143-155.

4) 피부 마이크로바이옴 연구동향, 이영애, BRIC View 2023-T03, 1-18.

5) 피부 마이크로바이옴 기반 화장품 및 치료제 산업 동향, 김지현, 황재성, Bio Economy Brief, November 2020. Issue 97, 1-9.

12 피부고민을 신경과의 네트워크로 해결하려는 뉴로코스메틱

1) Well-aging: A new strategy for skin homeostasis under multi-stressed conditions. De Tollenaere M, Meunier M, Scandolera A, Sandre J, Lambert C, Chapuis E, Auriol D, Reynaud R. J Cosmet Dermatol. 2020 Feb;19(2):444-455.

2) Substance P stimulates endothelin 1 secretion via endothelin-converting enzyme 1 and promotes melanogenesis in human melanocytes. Park PJ, Lee TR, Cho EG. J Invest Dermatol. 2015 Feb;135(2):551-559.

3) 멜라닌 형성 억제제를 함유하는 미백용 피부 외용제 조성물 ㈜ 아모레퍼시픽, 박필준 외 2명, 10-2012-0153517.

13 태양광이 피부에 미치는 다양한 영향

1) Various biological effects of solar radiation on skin and their mechanisms: implications for phototherapy. Shin DW. Anim Cells Syst (Seoul). 2020 Aug 20;24(4):181-188.

2) Visible radiation affects epidermal permeability barrier recovery: selective effects of red and blue light. Denda M, Fuziwara S. J Invest Dermatol. 2008 May;128(5):1335-6.

3) Transcriptomic analysis of human dermal fibroblast cells reveals potential mechanisms underlying the protective effects of visible red light against damage from ultraviolet B light. Kim HS, Kim YJ, Kim SJ, Kang DS, Lee TR, Shin DW, Kim HJ, Seo YR. J Dermatol Sci. 2019 May;94(2):276-283.

찾아보기

ㅇ

ㅈ

ㅊ

ㅋ

ㅌ

ㅍ

ㅎ

기타

저자 소개

신동욱

고려대학교 생물학과를 졸업하고 광주과학기술원에서 석사 및 박사학위를 받았다. 미국 Case Western Reserve School of Medicine에서 객원 연구원으로 근무하였고, 한화 케미컬 중앙연구소를 거쳐 아모레퍼시픽 기술연구원에서 약 15년 동안 수석연구원/팀장으로 다양한 바이오 화장품 연구개발에 참여하였다. 2019년부터는 건국대학교 의료생명대학 바이오융합과학부 뷰티화장품학과에서 바이오 화장품 연구개발에 관해 강의하고 있으며, 국가 연구 과제 및 다수의 기업과의 공동 연구를 통해 다양한 바이오 화장품 소재를 개발하고 있다. 현재 대한화장품학회 재무이사 및 학술분과 피부분과위원장, 제주테크노파크 제주도화장품 인증심사 위원 등으로도 활동하고 있다.

피부 건강의 솔루션

항노화 바이오 화장품

저　　자　신동욱
발 행 인　김지영
발 행 처　자유아카데미
주　　소　경기도 파주시 회동길 37-42
　　　　　파주출판도시
전　　화　031-955-1321
팩　　스　031-955-1322
홈페이지　www.freeaca.com
전자우편　main@freeaca.com (대표)
　　　　　editor@freeaca.com (편집)
　　　　　crm@freeaca.com (영업)
등　　록　제406-2003-017호, 1980. 7. 12.
제1판1쇄　2023년 6월 28일 발행

ISBN 979-11-5808-497-4　93470

이 저서는 2021년도 건국대학교 지역서발간연구비 지원에 의한 결과임